獻給餐飲店的飲料特調課程

搭配料理與甜點的軟性飲料調製基礎與應用

飲料研究團體「香飲家」

片倉康博・田中美奈子・藤岡響　著

SOFTDRINK

瑞昇文化

軟性飲料的可能性
～飲料是輔助般的存在～

理解飲料的本質

一直以來，餐飲店所提供的軟性飲料很多都是使用市售的成品。但是光靠這些市售的軟性飲料製品並不能充分牽引出餐點（主體）的韻味。這麼一來，店家就必須開發自家特有的飲品菜單。然而，越是去深掘軟性飲料的本質，反倒會產生難以向一般人傳達它的優異之處的問題。舉例來說，想要把抹茶的美味傳達給年輕族群的時候，即便製作者想要提供高品質的抹茶給大家享用，但是卻很難將這個特點傳達給飲用的人。就算製作這一方有所講究，但對此不感興趣的人卻紛紛敬而遠之，最後演變出的趨勢，就是僅僅只能在喜歡抹茶的族群間推廣而已。

在這個時候，第一步應該要降低門檻、用像是年輕族群也會喜歡的甜點般的飲料來做推廣，這一點非常重要。首先，為了讓飲用軟性飲料成為習慣，就以容易飲用的甘甜風味來讓大家親近它們。在人們持續飲用的過程中，逐漸減少甜味的比重，這樣便能讓大家喜歡上飲品原本的風味。

在台灣、中國就有很棒的例子。在這兩塊以茶的產地聞名的土地上，會將自家的茶加以變化、開發出讓人備感享受的飲品，並向外傳播出去。這種新飲品的風潮傳入日本之後，傳統的茶飲業界也開始供應「年輕族群也會喜愛的飲料」。如果這樣的風氣能維持下去的話，相信有一天肯定能形成無論是誰都能品嚐茶飲最原始的韻味的環境吧。

如果用咖啡業界來舉例的話，星巴克可以說是在日本推廣具備高度甜點要素飲品的先驅者。在星巴克進軍日本時的年輕世代現在已經長大成人，也變得能夠享用咖啡或拿鐵等無糖的飲料了。就像這樣，為年輕世代提供甜甜的飲料、為成年人世代供應低甜度的飲料，這也讓星巴克的顧客年齡層變得更加寬廣。

飲料的職責

軟性飲料這個領域擁有各式各樣的種類。主要有咖啡、茶、水果、無酒精調酒等類型，不過全部的飲品都是為了牽引出主體而存在的。

所謂的主體，除了料理、甜點、麵包等食物之外，也意指「時間」、「空間」、「會話」、「音樂」等TPO（Time：時間、Place：場所、Occasion：場面）相關的內容。人們會配合當下的主體，來進行飲品的選擇。

在等候的時候，會心想「提早1個小時抵達，先去咖啡廳喝點東西吧」的人應該不少。這種時候，如果是待在要優閒地消磨1個小時的咖啡廳，大家應該會選擇分量較多的飲料吧。這便是選擇要愉悅地度過這1個小時、配合「時間」這個主體而產生的挑選方式。

此外，像是珍珠奶茶或是能PO網曬照的飲品等選項，就可能是把目的放在「拍攝照片」之上（然而，也曾出現不少只點來拍照卻完全不喝的情況，因此造成了社會問題）。

如果可以打造能符合使用者TPO需求的店家，就會跟穩定的收益產生密切的關係。

飲食文化與飲料的關聯性

思考世界的飲食文化時，就會了解飲料的定位其實是為了取得飲食生活的平衡而存在的，這樣的事例並不罕見。

在義式濃縮咖啡的發源地義大利，因為北部寒冷地區的餐食多為乳製品、發酵製品、乾貨、燉煮料理、高鹽分的濃郁料理，所以對於義式濃縮咖啡偏好淺焙的清爽口味。位於南部的地中海沿岸溫暖地域，由於餐食中有很多用酸味較強的番茄搭配新鮮魚貝類製作的料理，以及使用橄欖油製作的餐點，料理本身就具備清爽的風味，所以較濃、苦味較強的義式濃縮咖啡便因此獲得當地人的喜愛。也就是說，人們會因應料理，選擇完全相反，或者是能取得口味平衡的飲料。

日本也是四季分明、存在南北飲食文化的國度。根據地域的不同，味覺也會有所變化，只要能理解這樣的特性，應該就可以尋覓到能讓人品味箇中美味的飲料。本書將會針對能和類似的飲食風格產生加成作用、在規劃店家時也能貢獻所長的飲品進行詳細的解說。

Coffee

Tea

Fruit Spice Soft Drink

Mocktail

Part 1

咖啡的軟性飲料
Coffee Soft Drink

Part 2

茶的軟性飲料
Tea Soft Drink

Soft Drink Contents

Part 3

水果・香料的軟性飲料
Fruit・Spice Soft Drink

Part 4

無酒精調酒
Mocktail

Soft Drink Recipe 82

務必預先認識的
軟性飲料調製器具

製作軟性飲料時，除了基本的咖啡或茶飲器具之外，
還有許多只要活用於調製就會更加便利的器具。
若是能認識各式各樣的用具，擅長的範疇也會變得更加寬廣。

ESPUMA奶油槍

在蘇打瓶中裝入液體，以及作為材料的各式食材和凝固劑。添加一氧化二氮（N_2O）後再經過搖晃、攪拌，產出「宛如空氣般的輕盈泡沫」。經由鬥牛犬餐廳主廚費蘭·阿德里亞創造出的新式調理法而誕生的ESPUMA奶油槍可說是最先進的道具。

使用前要充分搖晃並攪拌。接著在杯子的正上方按壓把手。

食物攪拌機

在捲起龍捲狀漩渦的同時，將攪拌的蔬菜或水果等固態食材打成泥的器具。如果加入液體，就能製作果昔或帶碎冰的冰沙飲料。製作冰沙的場合，會需要動力更強的食物攪拌機。

除了能把整份水果都榨成果汁之外，如果再搭配牛奶等基底食材，就能一口氣完成一款飲料。

蔬果慢磨機

不必為蔬菜或水果等食材而外添加水分就能製作成蔬果汁。緩慢地、輕柔地、仔細地將食材進行「壓榨」，讓汁液和榨完的殘渣分離，把對於食材所造成的壓力降到最低。是一種能藉由這樣的過程，讓人們得以直接享用到食材的風味和營養素的機器。

水分幾乎被完全榨乾的殘渣，也能運用在料理等範疇。

Part 1

Coffee Soft Drink

Drink Textbook

咖啡的
軟性飲料

這裡要學習咖啡廳的招牌飲品·咖啡的種類與滴漏法等
基礎知識。藉由以最適宜的方式萃取出的咖啡,
來牽引出飲料的風味吧。

日漸提升的咖啡需求
用水來決定咖啡的風味

在飲料專門店增加的情況下，原本隨餐點附上的飲料如今也變得更受矚目。
在重新審視飲料自身價值的過程中獲得廣大支持的，就是咖啡。
提取出風味的重點，就在於水的選擇。

> **咖啡飲品
> 需求的增加**

現今，對於飲料本身的關注已經有所提升。在那之中獲得壓倒性支持的，就是咖啡系飲品。

無論在哪個時代，都是廣受男女老少喜愛的飲料

咖啡，可以說是日常生活中稀鬆平常的代表性飲料。但是作為商品來檢視的時候，不管是焙煎、萃取、供應，所有的工序中只要有一點點偷工減料的話，就會直接對商品產生不良的影響，所以它也是一種很難處理的飲料。

即便如此，經過漫長的歲月，它依然能持續獲得廣大年齡層的愛戴，這都多虧了它能憑藉豐富的飲用方式來因應各式各樣的需求。舉個例子，年紀比較輕的族群喜歡甜味較強的甜點風飲品，但是對於大人來說就更偏好黑咖啡或拿鐵等品項。使用新鮮的焙煎豆剛沖泡出來的熱騰騰咖啡，它瀰漫的香氣就擁有吸引路過此地的人們、讓大家走進咖啡廳的力量。

在每天的生活中，能夠讓人類的五感直接享受的食材或飲料其實並不罕見，不是嗎？配合TPO來挑選飲料，和更加美好的飲食生活也是息息相關的。

> Point
>
> **咖啡擁有生活中
> 不可欠缺的療癒效果**
>
> 如果缺少咖啡的咖啡因的話，一整天都會覺得腦袋鈍鈍的、精神也無法集中。有這種情況的人應該並不少吧。特別是外出用餐時在餐後喝上一杯咖啡，其實具有很大的影響力。
> 在店家這類與平時不同的環境吃飯的時候，多少都會讓人處於緊張的狀態。這個時候來杯咖啡、稍微喘口氣，情緒就能獲得治癒、也更容易緩解緊張感。這種情況就和咖啡擁有的壓力緩解能力有很大的關係。
> 還有，咖啡的香氣具有相當長的持續性也是它的特徵之一。世間大多認為咖啡的魅力在於它的苦味和酸味，但其實它原本就是能像葡萄酒那樣品味香氣的東西。

水與咖啡的關係

要煮出好喝的咖啡不光是豆子的挑選,水的選擇也相當重要。要用什麼樣的水才能牽引出咖啡的風味呢?請大家謹慎確認之後再進行選擇吧。

最適合沖泡美味咖啡的是日本的自來水

無論咖啡還是茶,都是憑藉水來萃取出其中的精華,進而提引風味、完成好喝的飲料。想要享受美味的風味,預先理解水的知識是很重要的。

水的類型大致可分為「硬水」和「軟水」。硬水中含有較多的鈣、鎂、鐵等成分,所以喝起來的感覺比較澀,相對的,軟水中的這類成分較少,所以飲用的口感會更加柔和。在萃取精華的時候,水裡面的成分越少,提出的精華就會變多。也就是說,含有較多鈣等成分的硬水,就屬於比較難提取出精華的類型。換言之,對於咖啡和茶來說,軟水會是比較相配的對象。

其中還有日本的自來水這種極軟水,因為不含鈣等成分,所以將成分溶入水中的容許範圍比較大,因此能萃取出更多的精華。為了留下溶入精華的部分、完成韻味深厚的飲品,日本的自來水就是沖泡咖啡時很棒的選擇。因為其他國家的自來水和日本不同,有時可能屬於硬水,因此使用前必須先釐清用水的類型。如果所在地區是屬於硬水的話,可以裝設軟水器,把鈣去除後再使用。

自來水屬於軟水的國家,擁有許多使用高湯的料理是其特徵所在。因為日本的水質容易萃取精華,所以就發展出高湯料理文化。相對來說,在硬水區域較多的歐洲等地,就會活用進行燉煮時、食材裡面的精華也不容易流出的硬水特徵,讓眾多的燉煮料理成為了經典。

藉由自古傳承的智慧,將那片土地上的食材烹調而成的最美味料理,也跟著流傳到今天。味覺自不用說,就連身體都能感受到美味,就一定有它的理由存在。想要知道理由為何,也和理解水這件事有所連結。

水的種類

是軟水還是硬水,是根據水中含有的成分來區分的。因為其標準在日本和世界衛生組織都有所差異,建議各位查詢一下,看看能取得哪一種標準的軟水。

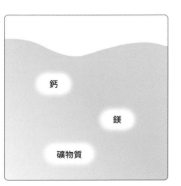

| 軟水 |

每公升水中的鈣、鎂含量不滿100g、口感溫和的水。不只是飲料和日本料理,也很適合用於減輕對頭髮或肌膚造成的毛躁與傷害。

鈣
鎂
礦物質

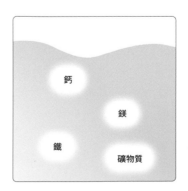

| 硬水 |

鈣、鎂、礦物質等含量在每公升的水中超過100g、口感較澀的水。因為不易讓胺基酸和蛋白質等鮮味成分流失,所以適合用於燉煮料理。

鈣
鎂
鐵
礦物質

咖啡沖泡方式的 種類與基本知識

咖啡的沖泡方式也存在不同的類型。咖啡的性質、它跟水或器具之間的契合度、
萃取時間等都會造成香氣與風味的變化，這也是咖啡的魅力之一。
現在就來一起學習配合喜好與咖啡豆的沖泡法吧。

主要的沖泡方式

基本的咖啡沖泡法，大致上可以分為兩個類型。請採用配合
豆子、方法、目的的最適合方法，來沖出一杯美味的咖啡吧。

| 過濾法 |

將熱水倒入滴濾用具，讓
水通過咖啡粉，重複進行
過濾，沖泡咖啡。有滴濾
等主要的手法。

| 浸泡法 |

將咖啡粉浸泡在熱水裡，
經過一段時間之後移除咖
啡粉。法式濾壓壺或虹吸
式咖啡壺就是這種沖泡
法。

滴濾的基礎

依據滴濾的方法或器具的差異，就會讓風味出現變化。所以
如果想要煮出成功的咖啡，擁有正確的知識和判斷是有其
必要性的。

無論在哪個時代，都是廣受男女老少喜愛的飲料

咖啡的世界裡也存在趨勢，直到數年前為止人們都
還是偏好經由深焙催生的苦味，近年則是以精品咖
啡為主流。大眾開始喝起避免過度萃取、能感受酸
味或甜味的淺焙咖啡。在評估咖啡的風味時，從店
鋪選址、目標客群、菜單構成以及和餐點間的契合
度等觀點來選擇咖啡豆是很重要的。

變動要素

意指萃取時會帶來影響的各種要因。主要指
的是氣溫和溫度等環境要因之外、器具和熱
水溫度等萃取過程中能夠控制的要素。理解
每一種變動要因並進行調整，就能讓萃取過
程的進行得以一致化。

咖啡的 粉量與水量

製作滴漏型食譜的時候，要配合豆子的個性
來調整咖啡和水的分量。舉例來說，近年的
精品咖啡大致是以1：16為基準（根據使用
的豆子不同來變化比例）。若是使用深焙咖
啡的場合，則是以1：12等配合喜歡的濃度
來調整。

萃取時間

萃取時間越長的話，咖啡豆浸泡在熱水裡的
時間就會更久、萃取出的成分也會更多，讓
風味變得濃厚。相反的，時間越短、溶入熱
水中的成分就會越少，所以會沖出濃度較淡
的咖啡。因為萃取時間導致的濃度變化也會
因為豆子的研磨狀況有所改變，所以每次沖
泡都進行確認是很重要的。

粉的顆粒大小

細磨的話就能增加表面積,讓成分更容易被萃取出來。若是粗磨的話表面積會比較小,不容易萃取成分。

| 粗磨 |

因為顆粒較大,不容易溶出成分,會用於不想提取出苦味、擁有奢華香氣的品項,或是帶果香的品項。

| 中磨 |

滴漏等萃取方式普遍常用的粗細。常見於磨好後販售的regular coffee,屬於標準大小的粗細。

| 細磨 |

想要萃取較濃成分時使用的粗細。大多會用於要使用愛樂壓等器具加壓的場合。因為成分很容易被萃取出來,所以要留意過度萃取的問題。

熱水溫度

使用溫度較高的水會更容易萃取成分,但其中也可能萃取過多不喜歡的成分,所以必須注意溫度不宜過高。運用熱水溫度的變化來進行萃取,在低溫的情況下因為萃取力比較弱,口味會偏向酸味。至於高溫的情況下萃取力會比較強,所以口味會更容易偏向苦味。萃取時請留意要維持一定的溫度,如此一來便能提高每次沖泡的穩定度。請以92～93℃為基準,再根據使用的咖啡種類來進行調整吧。

萃取技術

注水的速度,以及咖啡粉整體是否都有被熱水沖過等人為的要因也是和風味相關的重要部分。由於其中的成分是在浸泡於熱水的這段時間內被萃取的,所以必須要關注是否有讓咖啡粉整體都接觸到熱水。此外,也要注意注水的速度也會影響咖啡的濃度。

水質

咖啡豆中含有的成分會溶於水中,成為咖啡這種飲料的風味,而這個風味會受到水質的影響。箇中原因在於萃取出的咖啡之中,大概有98～99%是由水的成分所構成的。水有軟硬度和酸鹼度等指標,使得口味會隨著咖啡成分滲出的量或水本身內含的礦物質平衡度而產生變化。

豆子的種類

根據使用豆子種類的不同,萃取的條件也會有所變化。焙煎後經過一段時間就會發生變化(成熟),這種變化也會改變萃取時所產生的二氧化碳(氣體)量。如果放了太多天的話,就有可能讓品質劣化,因此除了生產地和品種之外,也務必要妥善掌握生產處理、焙煎程度、新鮮度等要因。

咖啡1～2%　　　水98～99%

About Drink 3

進行最合適的滴漏所需
的萃取訣竅和豆子選擇

我們不只要理解配合咖啡豆的萃取方式，
也必須掌握豆子本身的特徵。
請各位一起來認識豆子，選擇最適合它們的萃取方式吧。

沖泡滴漏咖啡
時的預想

配合口味來構思食譜

請配合店鋪的規模、是否為連鎖店、店裡用的杯子尺寸、使用的豆子種類等來構思食譜。焙煎程度較淺的話，會催生清爽的後味，適合濃度較低的品項食譜。若是想要用深焙來營造濃郁風味的話，就適合採用濃度較高的品項食譜。

因應目的來決定食譜，確實計算咖啡和水的分量、熱水溫度並嘗試萃取，就能確立配合咖啡打造出的基準。

一旦食譜確定了，請多次進行萃取、確認操作程序，確保是不是每次都能穩定地產出一樣的味道。加以練習，以便能持續穩定地萃取出相同的風味，這一點是非常重要的。

萃取的重點

均等地萃取，調整研磨方式

基本上，沒有被熱水浸泡到的咖啡粉是很難萃取出東西的，所以確實讓整體咖啡粉都均等地被熱水沖過，就能有效地進行萃取。另外，若是注水的速度較快的話，會很容易讓濃度下降；速度較慢的話，濃度就容易上升。請各位記得要留意變動要素，確認萃取出的咖啡的味道，來進行咖啡粉的研磨調整。讓水和咖啡粉相互接觸，有效率地提取出其中的成分是我們的目標。請避免萃取失敗、萃取不良（萃取出的成分不足，口味和香氣都很淡的狀態）、過度萃取（萃取出的成分過剩，連不需要的成分都被溶出、導致風味變得苦澀的狀態）等情況，朝著最適合的萃取度邁進吧。

豆子的選擇

生產地、品種、生產處理等因素都會左右咖啡的風味，所以挑選喜愛的豆子也是享受咖啡的醍醐味所在。

焙煎度

因應咖啡豆焙煎狀態的差異,會產生酸味或苦味的變化。請配合產地或喜好,來決定焙煎的程度。

| 淺焙 | 中焙 | 深焙 |

酸味 ← → 苦味

酸味的傾向較強。其中水果系的輕盈風味是其特徵。

口味偏向酸味。因為後味帶甜,很適合搭配各式各樣的豆子。

酸味較淡薄,相對的能品嘗到苦味。屬於比較重的口味。

單品豆和特調豆

有帶甜味的日曬和能品嚐到顯著酸味的水洗等精製法。讓我們來決定一下該怎麼享受因應焙煎程度而產生變化的豆子吧。

單品豆
聚焦於豆子本身的個性或關注的產地、咖啡園,能品嚐到豆子的個性。

特調豆
調和各式各樣的豆子來調整口味的平衡度,無論什麼時候都能讓供應的咖啡維持穩定風味。

因應不同店家類型的最佳咖啡萃取方式

	法式濾壓壺	濾紙手沖	濾布手沖	虹吸式咖啡壺	義式濃縮咖啡機
萃取時間	4分	2〜3分	2〜3分	40秒〜1分	20〜30秒
咖啡豆量	10〜12g	10〜14g	10〜14g	15〜18g	7〜10g
研磨	粗磨	中細磨	中細磨	中細磨	極細磨
萃取量	180〜200㎖	120〜150㎖	120〜150㎖	120〜150㎖	20〜30㎖
萃取溫度	90℃左右	90℃左右	90℃左右	90℃左右	90℃左右
優點	因為是接近杯測(咖啡的品鑑方法)的沖泡方式,能夠品味咖啡原本的風味。藉由理解咖啡的既有韻味,也有助於豆子的銷售。	由於能輕鬆丟棄萃取後的咖啡渣,所以能因應較多的點單。透過在顧客面前萃取的過程,可以呈現實況演出的效果。	能讓濾布本身產生價值的沖泡法。使用過的濾布殘留下香氣,下次使用時便會融入新沖的咖啡,催生出僅此一家的自家原創咖啡。	演出效果較高,最適合作為表演的一環。萃取時間較快是它的特徵。	濃郁咖啡所帶來的變化幅度較為寬廣。
缺點	由於是不需要特殊技術的沖泡方式,在家裡也能簡單進行,所以比較難孕育出特別的感受。	即使選用高品質的咖啡豆,從豆子本身好的部分一直到不佳的部分、甚至是身為鮮味成分的油脂都會被吸附在濾紙上,很容易就沖出清爽的咖啡。	濾布的使用和保存都很費工夫,所以不適合點單較多的店家使用。	為了因應點單,必須準備多組虹吸式咖啡壺。相對來說,萃取時的溫度容易變易。	機器、磨豆機等器具都比較昂貴。使用時也需要一些技巧,容易因此導致風味出現差異性。
店家類型	自家烘焙咖啡	咖啡站	咖啡廳	咖啡廳	餐廳、咖啡烘焙坊

※萃取時間等資料僅為參考範例的一種

Part 1 咖啡的軟性飲料

認識咖啡器具的種類
配合目的來準備相關用具

透過改變加壓、浸泡、過濾時使用的器具，
咖啡粉浸泡在熱水中的時間和溶出成分的難易度也會隨之變動。
藉由挑選適合器具的食譜和使用方式，就能表現出最大限度的美味。
而且找出符合自己喜好的器具也能成為一種樂趣呢。

咖啡的器具

這裡要介紹製作滴漏咖啡必要的基本道具。
思考萃取器具的形狀與特徵，然後再開始使用，就是沖泡出
美味咖啡的訣竅。

① 濾杯與咖啡壺

裝設濾杯之後放入咖啡粉，接著分次倒入熱水以進行萃取的
器具。咖啡壺是承接萃取出的咖啡的容器，改用馬克杯也是
沒問題的。

② 電子秤

在一邊進行滴漏、一邊掌控熱水的使用量等需要量測材料分
量的場合必備的道具。

③ 快煮壺

能夠細微地調整最適萃取溫度的煮水器具。壺嘴是很細的
類型，即使要直接進行滴漏也方便倒入熱水。

④ 磨豆機

研磨咖啡豆的器具。配合滴漏的器具和萃取方式來調整研
磨的程度。如果是需要盡可能磨細的場合，讓研磨後的粗
細狀況都很平均會比較妥當。

濾杯

形狀、孔洞數量與大小、溝的形狀、材質等都會讓萃取發生變化。
請大家依照目的來分別使用。

從素材來檢視挑選方法

濾杯的素材主要有塑膠、金屬、陶瓷、玻璃等種類。在這些素材之中，塑膠的溫度變化較少、金屬容易導熱但也容易冷卻，是它的特徵。陶瓷比較難加熱，但是保溫性高、溫度不容易下降。相反的，玻璃保溫性並不高，所以熱水溫度容易下降。大家必須要理解每一種類型的特性後再進行選擇。

｜台座型｜

屬於容易蓄積熱水的構造，最適合表現濃醇又紮實的風味。依據孔洞數量的不同，滲透的速度也會隨之變化，所以務必要因應使用的豆子特徵來挑選。

｜圓錐型｜

屬於能夠讓水用較快的速度滲透過咖啡粉的構造。因此水跟咖啡粉接觸的時間容易變短，可避免過度萃取、滴濾出清澈的口味。

過濾器材

主要有三個種類。請評估跟使用的咖啡豆之間的契合度之後再進行選擇。

｜濾紙｜

主要用於滴濾手沖。因為會過濾掉咖啡油脂和微粒子，所以萃取出的咖啡液比較清澈，風味也比較爽口，是它的特徵。

｜金屬濾網｜

主要用於法式濾壓壺或義式濃縮咖啡機等場合。和其他的過濾器材相比，能夠萃取出比較多的油脂等咖啡成分。和使用濾紙等相比，也能品嚐到比較紮實濃厚的韻味。但是要留意可能會混入細微的粉末。

｜濾布｜

主要用於濾布手沖、虹吸式咖啡壺等場合。相較於濾紙，它能讓油脂通過，所以能享受到紮實的質感。萃取後如果沒有妥善洗淨殘留在濾布上的成分並保持清潔的話，就會影響風味。

美味滴漏式咖啡
的基本沖泡方法

選擇器具與咖啡豆之後，再來實踐正確的滴漏沖泡方式。
以滴漏出的味道爲基準，配合特性來進行微調吧。

HOT

基本的萃取方法。
以下將介紹咖啡與水的比例為1：15～16
的基準食譜之沖泡方式。

[材料]	[熱水溫度]
咖啡粉..........15～16g	92℃左右（因豆子不同而異）
熱水..............250g	[萃取時間]
	2～2分30秒左右

① 把濾杯和濾紙裝在咖啡壺上。放入研磨好的咖啡粉。

② 倒入30g的熱水、浸潤咖啡粉整體。等待約30～40秒，讓焙煎豆中含有的二氧化碳散出，進行悶蒸。
※第一次注水是悶蒸的工序。因為咖啡粉會吸收約2倍的水分，所以使用的熱水量是咖啡粉量的2倍。

③ 花6～7秒左右倒入60g的熱水（總量90g）。如果注水的速度較快，濃度比較容易下降，請務必留意。

④ 當液面下降到1/3的程度時，再次花6～7秒左右倒入60g的熱水（總量150g）。

⑤ 當液面下降到1/3的程度時，花10秒左右倒入100g的熱水（總量250g）。

⑥ 注水結束後，等待萃取液確實從濾紙滴下。

ICE

和熱飲不同，以較少的注水獲得濃度提升的萃取液。
請注意不要萃取不足，適時調整注水的速度和咖啡豆的研磨粗細程度。

［材料］	咖啡粉………18g	［熱水溫度］ 92℃左右（因豆子不同而異）
	熱水………180g	［萃取時間］ 2分鐘左右
	冰塊………70g	

1 準備器具與咖啡粉。倒入30g的熱水、浸潤咖啡粉整體。等待約30～40秒，進行悶蒸。

2 花5～7秒左右倒入50g的熱水（總量80g）。如果注水的速度較快，濃度比較容易下降，請務必留意。

3 當液面下降到1/3的程度時，再次花5～7秒左右倒入50g的熱水（總量130g）。

4 當液面下降到1/3的程度時，再次花5～7秒左右倒入50g的熱水（總量180g）。注水結束後，等待萃取液確實從濾紙滴下。

5 把冰塊放入另一只咖啡壺中。

6 將④到進⑤，使其急速冷卻。

COLD BREW

意即所謂的冷萃咖啡，
是最適合夏季冰咖啡的滴漏沖泡方式。

［材料］
咖啡粉………50～60g
水………750g

［萃取時間］
10～12小時

1 將研磨好的咖啡粉和水放入較大的容器內浸漬。全部的咖啡粉將要都泡在水中，並進行攪拌。冬天放置在常溫環境、夏天放在冰箱冷藏約半天。

2 倒入裝設好的過濾用具進行滴漏。※也可以將咖啡粉放入濾紙狀的袋子中，以浸漬的方式進行萃取。

義式濃縮咖啡的
基礎與調和豆的思考

讓我們在思考義式濃縮咖啡的基礎知識與義式濃縮咖啡調和豆的同時，
學習不可或缺的知識吧。

義式濃縮咖啡的 調和豆思考方式

為了美味地沖泡出藉由加壓萃取出的
義式濃縮咖啡，
咖啡豆的挑選是很重要的一環。

決定基底

藉由杯測（Tasteing）或法式濾壓壺萃取等方式掌握單品的香氣與風味，決定基底。

調查豆子的研磨粗細

使用義式濃縮咖啡專用的磨豆機來研磨，並確認研磨後的粗細。

進行調和
決定作為基底的豆子後，選擇研磨粗細相近的咖啡豆。

咖啡豆的產地與風味的變化

咖啡豆也是植物的一種，無論是低海拔產、高海拔產、焙煎，全部都跟風味有密切的關聯性。此外，根據環境的不同，培育方式也會有所變化。栽種的土地地勢越高的話，氣壓就會變得越低，是空氣稀薄的環境。就跟馬拉松選手會進行高海拔訓練，以此來強化心肺機能一樣，空氣越是稀薄的環境，咖啡豆就會攝取更多的空氣。為了順應生存這個目的，植物的生命力會變得更強大，同時也為了留下後代，於是積極吸收這份力量的營養素就集結成果實。果實被動物或鳥類吃掉以後，植物便會藉由牠們在其他地域的排泄行為繁衍子孫。但是高海拔的地方因為動物或鳥類都相對少，所以為了彌補這種條件欠佳的環境，果實就會長得更甜美，讓它們更容易被動物或鳥類吃下去。
就像這樣，最後咖啡豆自身的精華成分也提升了，成為無論處在什麼樣的環境都能承受、紮實地蓄積

能量的存在。特別是低海拔產（標高800～1000m左右）、高海拔產（標高2000m左右）之間存在近1000m的標高變化，豆子的生命力與蓄積能量的方式也會隨之改變。
另外，在這裡栽種的蔬菜雖然外觀不穩定，但能夠栽培出強韌、風味和香氣都很豐富的蔬菜。相反的，於溫室栽培或使用藥物所培育的蔬菜，雖然外觀好看，但是風味和香氣都會變弱。這便是植物的特性，就咖啡樹來說也是一樣的。

氣壓 ↓

高海拔（空氣稀薄）
精華成分較高
紮實地蓄積能量

- - - - - - - - - -

低海拔（空氣濃度高）

從萃取來思考 研磨的粗細

萃取的方法不同，豆子研磨的最適粗細程度也會跟著改變。因為滴漏、虹吸壺、法式濾壓壺等萃取的步調都比較緩慢，因此即便沒有過於講究粗細，還是能萃取出精華。另一方面，義式濃縮咖啡屬於急速萃取，所以必須要思考研磨的粗細程度，確實將精華萃取出來。也就是說，調和豆子時的觀念也必須有根本性地變化。關於調和咖啡所使用的豆子，我們就先從全部使用單一豆子開始、並研究它們的研磨程度吧。舉例來說，採用粗磨就能萃取出精華的咖啡豆A，以及不細磨就很難萃取精華的咖啡豆B，即使調和兩者也不會變得更美味。這是因為研磨粗細配合豆子A的話，就難以從豆子B萃取出精華；相反的，如果配合豆子B採用細磨，豆子A就可能萃取過多、導致苦澀味的產生。請整理好研磨粗細的相關資料，幫每一種豆子調整出最適合的萃取方法。

調和

調查單一豆子的研磨粗細狀況，選擇粗細接近基底豆的咖啡。咖啡豆當時的焙煎狀態、濕度、調和狀態等都會改變精華的狀態。說到所謂的調和狀態，舉個例子，就像是在基底豆與調和用豆的比例為8：2的情況下，萃取之際可能多少會出現比例的不均衡。為了降低這樣的風險，就必須選擇研磨粗細相近的豆子。如果調和用豆的種類越多的話，在1杯的量裡頭可能就會有某些種類剛好沒被提取出來，導致每次沖泡時的味道都不一樣。例如調和4種咖啡豆的場合，雖然基本上不會等比例（25%）分配，但首先會設定基底豆，然後針對它風味不足的部分挑選1～2種研磨粗細相合的咖啡豆來補足，藉此取得平衡來減少風險，讓風味更加安定。

⭕ **好的例子**

對於基底豆缺乏的要素，就選用研磨粗細相同的豆子來輔助，統整萃取出來的咖啡風味。這會讓整體的比例較佳，對於沖泡單杯分量的場合的影響也比較少。

| 基底豆 50% | 調和豆 1　30% |
| | 調和豆 2　20% |

❌ **不好的例子**

基底豆40%，3種調和用豆分別為30%、20%、10%、以此進行調和的時候，單杯用量約為7～10g的情況下，調和豆之中占比10%的豆子3不太可能每次都被萃取到。

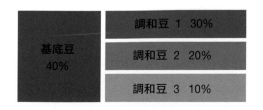

基底豆 40%	調和豆 1　30%
	調和豆 2　20%
	調和豆 3　10%

義式濃縮咖啡機的基礎與 美味義式濃縮咖啡的沖泡方法

義式濃縮咖啡就是透過對咖啡豆的加壓來萃取精華的飲品。
同時，事先理解萃取時不可或缺的專用機器也是很重要的。
請各位一起來掌握機器的使用方法到咖啡的沖泡方式吧。

義式濃縮咖啡機

能把用於義式濃縮咖啡、研磨程度較細的咖啡豆透過施加高壓來進行萃取，是發源於義大利的機器。其中有從研磨豆子到萃取工序為止，全部都是自動進行的全自動式機器。還有從研磨豆子到設置（計量、整平、壓實、裝設沖煮把手）都是手動操作，只有萃取這個步驟是由機器進行的半自動式機器。如果是開店使用的場合，會將店鋪的座位數、開店位置、以及一天能提供的杯數等列入評估，選擇可以連續萃取、蒸汽穩定性高等高性能的機種。
至於提供杯數較多的場合，關於鍋爐的尺寸、幫浦的種類、能否應對人潮較多的情況等配合店鋪規模的選擇就非常重要。
現在各家廠商都熱衷於開發自家特有的機能。不光是萃取溫度（PID）的設定，其他還有萃取壓力的調整、各個萃取口和熱水口的溫度管理、內建能測量萃取出的義式濃縮咖啡重量的機能等等，催生出了各式各樣的新技術。

義式濃縮咖啡磨豆機

想要萃取義式濃縮咖啡，就需要一台能夠將咖啡豆研磨到極為細緻狀態的磨豆機。刀刃形狀分為「錐刀式」和「平刀式」，請評估旋轉數所產生的熱能影響等條件，根據店家的規模和供應杯數來進行挑選吧。這裡推薦大家選擇粗細穩定、有散熱構造、比較不會浪費粉的款式。在我們講究義式濃縮咖啡機之前，磨豆機的選擇也是很重要的。咖啡的美味來自於揮發性較高的咖啡脂成分的香氣，經過研磨之後就能萃取出芳香的咖啡。但是隨著時間經過，香味也會隨之消失。因此，盡可能在沖泡之前再研磨豆子是比較好的選擇。

沖泡義式濃縮咖啡

義式濃縮是一種藉由加壓來進行萃取的萃取手法。萃取義式濃縮咖啡的場合和滴漏式沖泡時一樣、要加上變動要素的考量。根據機器的不同，對咖啡施加的壓力（9br）影響、器具類的維護、萃取的進行等技術都會為風味帶來複雜的影響。為了在短時間內萃取出少量的濃郁咖啡，就很容易產生萃取過程中所導致的差異性。想要萃取出一杯美味的義式濃縮咖啡，技術和知識都是不可或缺的。

[Flushing] 取下沖煮把手，讓熱水流通、清洗萃取口。用乾布仔細擦拭沖煮把手，不要殘留水分。

[Dosing] 將定量的咖啡粉放入沖煮把手。

堆積咖啡粉，中央近似隆起的小山。

[Leveling] 像是要用手指抹平般填補空洞處，大概是定量加減0.3g的程度。整平咖啡粉的表面。

[Tamping] 使用壓粉器，把咖啡粉壓得更平整紮實。 ※不必過度用力，呈現水平更為重要。

壓實步驟結束後，可以確認壓粉器的傾斜程度或咖啡粉紮實處的位置來微調，以更符合水平基準。

將沖煮把手裝到機器上，開始萃取。※粉填好壓實後，請避免讓水分滲入或是敲擊沖煮把手。

計算萃取量，然後停止萃取。 ※如果有Crema的話，光用目視確認萃取量是比較困難的，建議使用電子秤來量測。

表面被稱為Crema的咖啡脂與水的混合物，就是油分乳化後形成的奶油狀泡沫層。

奶泡的製作法
與咖啡拉花的描繪方式

奶泡是拿鐵飲品中不可或缺的，現在就讓我們來學習製作時的訣竅和原理。
用奶泡來繪製的咖啡拉花，也是品味拿鐵時的醍醐味之一。

奶泡

極為細緻滑順狀態的牛奶，
會更容易感受到箇中甜味。60～65℃為最佳。

1 將蒸汽噴嘴的前端調整到適合攪拌的位置。

2 噴嘴中會殘留先前使用時蒸汽化成的水分，所以請先空噴、排掉水分。

3 光是排掉水分，噴嘴前端接觸到牛奶的時候又會變冷、立刻又有水分形成，因此請持續空噴，直到噴嘴整體都變熱為止。

4 將牛奶倒進牛奶壺裡，噴嘴前端伸入液面下1cm。

5 蒸汽旋鈕一次全開，進行加熱。傾斜牛奶壺，一邊確認「嘰嘰嘰」的金屬聲、一邊開始製作奶泡。

6 製作出定量的奶泡後，將牛奶壺上提1mm，繼續攪拌到63℃（溫度計停在53℃的話，就靠預熱到達63℃）。

7 關掉蒸汽旋鈕，將牛奶壺移開，用布擦拭。藉由空噴讓殘留在噴嘴裡面的牛奶也排出來。

8 如果噴嘴前端的位置不佳的話，奶泡會變大、變得缺乏滑順感，讓人難以感受到牛奶的甜味。

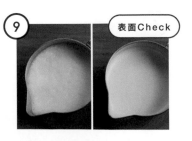

表面Check

9 如果打出的奶泡很均勻的話，就會像照片右的表面一樣帶有光澤。若是照片左這種奶泡大小不規則的情況就失敗了。

奶泡的泡沫結構（**皮克林乳液現象與乳化**）

牛奶加熱到40°C以上，表面就會形成一層膜。這個現象就是皮克林乳液現象，是因為蒸汽的熱度加熱了表層，蒸汽接觸到的部分的水分就蒸發了。表層牛奶裡的蛋白質和脂肪中，有部分因為熱變性而濃縮、凝聚後在表面形成膜。由豆漿所製作的豆皮也是基於相同的原理。

最初形成的膜含有超過70%的脂肪。乳脂肪分散於牛奶水分中的各處，因為水分和油分不會融合，所以原本應該只會有乳脂肪分離出來、浮在表面。但是乳脂肪很特殊，會以外部包覆容易與水相容的膜的球體形式存在。乳脂肪對於外部的物理性刺激抗性很弱，經由攪拌混合就能藉著衝擊逐漸破壞外膜、讓帶有黏性的乳脂肪從破裂的地方跑出來。跑出來的乳脂肪和乳清蛋白會發揮「漿糊」般的效果，讓存在於水分中的乳脂肪接連連接。這就是所謂的「乳化」。

如果繼續攪拌混合，乳脂肪們就會繼續凝聚、像是要包圍從空氣中擷取的氣泡那樣、形成網格狀的骨架，泡泡也因此產生。

因為沒有直接跟水分接觸，所以即便是存在於水分裡面也不會分離。

只製作出泡泡的奶泡不會感受到甜味，經過一段時間後就會浮出細小的泡泡，是其特徵。

拉花的描繪方式

如果倒得太猛就會破壞Crema層，這樣就無法進行拉花了。此外，如果從低位置開始倒，奶泡就會跑到Crema的上面，最後變得一片白。

① 像是要穿透到義式濃縮咖啡的Crema下方那樣，將杯子傾斜、對著液面低處，讓牛奶壺從稍高的位置往正下方緩緩地倒入。

② 直到牛奶壺的壺嘴快要接近液面之前，牛奶壺都要像是在下降那樣平穩地倒入。

③ 下降到接近液面時，可倒得猛一點，讓奶泡在Crema層上面成形。 ※如果壺嘴和液面相隔太遠的話，在杯子恢復水平時可能會再次穿透Crema下方，務必留意。

④ 維持同樣的節奏，在保持液面和壺嘴距離的同時、將杯子角度揚起。壺嘴拉遠液面、牛奶像是細線般往反方向緩緩動作。

⑤ 以不變的節奏倒入，白色奶泡會經由壺嘴在液面擴張、形成光滑的表面。

⑥ 如果奶泡的泡沫不規則的話，就會像照片左那樣影響拿鐵表面的完成度。

理解義式濃縮咖啡×牛奶飲品以及不同國家的卡布奇諾

因為卡布奇諾、拿鐵等牛奶類飲料幾乎都是只用咖啡和牛奶來製作的，所以不太容易分辨。只要配合基本的分類去理解各國品項的差異性，就能讓菜單提供的內容範疇更加地寬廣。

分類

可以藉由牛奶與咖啡的比例或飲品的總量來進行分類。各位可以配合不同的目的或需求來挑選。

Long

在拿鐵等被分類到牛奶類的飲品之中，牛奶量較多、需要花時間來品嚐的飲品。將溫度加熱到不會損及牛奶甘甜的程度來提供會比較適當。

Shot

瑪琪雅朵或告爾多這類少量提供的小杯飲品。因為是以可以馬上飲用的尺寸來提供，所以用稍微低一點的溫度範圍來加熱牛奶，將甜味充分地提取出來。

Other

就好比日本咖啡廳提供的卡布奇諾，也存在許多各自變化發展的飲品。不光是使用咖啡和牛奶，甚至也有選用香料等素材的類型。

用比例來檢視義式濃縮咖啡與牛奶飲品

依據用蒸汽加熱的牛奶和義式濃縮咖啡的混合比例或倒入順序的不同，飲品的名稱也會隨之變化。

瑪琪雅

因為分量是相同的，所以是咖啡風味非常強的飲品

牛奶：義式濃縮咖啡＝1：1

卡布奇諾

牛奶的量比拿鐵還少，有較多的泡沫

牛奶：義式濃縮咖啡＝5：1

拿鐵

容易感受到牛奶風味，牛奶類飲品的代表性品項

牛奶：義式濃縮咖啡＝7：1

卡布奇諾

由來有2種說法,其一是它的泡泡形狀跟義大利的方濟嘉布遣會修道士所穿戴的頭巾「Cappuccio」很像;其二是義式濃縮咖啡和牛奶混合後的顏色跟方濟嘉布遣會修道士身穿的修道服很類似。

澳大利亞

製作成奶泡較多的風格,牛奶的量比拿鐵少。經常會撒上可可粉後提供。

義大利

在義大利的輕食餐飲店,時常會在早上被拿來搭配可頌或布里歐許一起享用的飲料。跟澳大利亞一樣,經常會撒上可可粉。

日本

日本咖啡廳常見的飲料。為滴漏式咖啡添加牛奶,另外還可能加上鮮奶油、肉桂粉、肉桂棒來提供。

⑩

不同國家拿鐵的
牛奶與奶泡量變化

同樣都是拿鐵，奶泡的有無或厚度也會隨著國家不同而
出現各式各樣的特徵。這裡也會介紹義式濃縮咖啡以外
的咖啡與牛奶組成的搭檔飲品。

> ### 拿鐵

大多會出現咖啡拉花等表面較為華麗的特徵。
是一款依據國家或店家的不同，定義也相當廣泛的飲品。

義大利

不倒入蒸汽打出的奶泡就端上桌是其
特徵。是只使用義式濃縮咖啡和牛奶
的單純飲用方式。

澳大利亞

大多以玻璃杯來提供的類型。能夠確
實感受到牛奶風味的一杯飲品。

美國 西雅圖

被譽為咖啡拉花的發源地，之後在日本也擴展開來。在被稱為西雅圖系的咖啡連鎖店中，多半都是製作成容量和牛奶的量都比較多的風格。

馥列白

馥列白也有很多種變化的版本，是澳大利亞和紐西蘭等地常喝的一種飲品。原本在義式濃縮咖啡裡加入牛奶的飲料會被稱為白咖啡，據說後來是從平整地蓋上一層奶泡的外觀，確立了馥列白（Flat White）這個名稱。依據店家不同，食譜也會不一樣，因此要給它一個明確的定義是很困難的。主要是指使用義式濃縮咖啡雙份短萃取（Ristretto），奶蓋的厚度比拿鐵薄的飲品。

奶泡厚度的差異

馥列白　　　　　西雅圖

從上方比較難理解，不過即使牛奶和義式濃縮咖啡的比例很接近，奶泡的厚度也會有所差異。

將牛奶跟義式濃縮以外的咖啡結合的品項

咖啡歐蕾

「au lait」在法文中是牛奶的意思。雖然經常跟拿鐵搞混，但咖啡歐蕾不是使用義式濃縮咖啡，而是選用滴漏式或其他萃取法所萃取的咖啡，這一點是很大的差異。基本上它的咖啡和牛奶的比例是相同的，能確實感受到牛奶的風味。此外也有分別裝進2個咖啡歐蕾壺裡再同時倒出混合的調製方法，在法國還有使用咖啡歐蕾碗製作的形式。

Part 1 ｜ 咖啡的軟性飲料

牛奶類飲品 還有很多不同的種類

義式濃縮咖啡與蒸汽加熱的牛奶
所組合而成的飲料就屬於牛奶類的飲品。
爲了分辨這些容易搞混的飲料，理解它們之間的不同是很重要的。

牛奶類飲品

牛奶的溫度帶或奶泡的質感
會改變甜味的感受方式等印象。
請為它們提取出最適合的風味吧。

飲用牛奶類飲品的國家，會因為與義式濃縮咖啡搭配的牛奶量或奶泡的量、品質等改變飲料的名稱。雖然幾乎都是只用咖啡和牛奶調製出來的，不過因為會隨著咖啡和牛奶的比例變動而讓風味產生變化，所以也可說是個宛如調酒領域般的世界。和義式濃縮咖啡之外的咖啡混合，就會變成咖啡歐蕾，另外也有因為盛裝的不是咖啡杯而是玻璃杯、因而導致名稱改變的類型。依據供應店鋪的不同，會出現各式各樣的品項，所以我們很難賦予它一個明確的定義。請務必掌握各品項的概要資訊，以作為調製時的提醒。

瑪琪雅朵

瑪琪雅朵是很容易讓人誤認的飲品之一。這種在義式濃縮咖啡裡加入少量牛奶來製作的飲料，是以牛奶和咖啡1：1左右的比例調製的。因為製作時沒有增加額外的甜味，所以很容易和會添加焦糖或甜味糖漿的拿鐵瑪琪雅朵混淆，請務必留意。瑪琪雅朵這個詞彙在義大利文中是「染上痕跡」的意思，因為義式濃縮咖啡的外觀會染上牛奶倒入的痕跡，才因此被取了這個名字。

拿鐵瑪琪雅朵

拿鐵瑪琪雅朵和一般的瑪琪雅朵相反,其特徵是先倒入蒸汽加熱的牛奶後才倒入義式濃縮咖啡。因為是牛奶反被義式濃縮咖啡給「染色」,所以才被稱為拿鐵瑪琪雅朵。因為位於杯子上層的是牛奶的奶泡部分而不是Crema,所以一開始會先感受到甘甜,入口感也比較柔和。

焦糖瑪琪雅朵

在連鎖咖啡店等處為人所熟知的飲品。是一種在確實做出奶蓋的拿鐵上面添加焦糖醬,讓它染上焦糖色彩的香甜咖啡。另外也有添加香草糖漿製作的品項。它使用的糖漿,起初是歐洲地區為了用於雞尾酒或蘇打等冷飲所開發出來的素材。

告爾多／直布羅陀

告爾多(Cortado)是在義式濃縮咖啡裡加入少量牛奶去製作的飲品。基本上牛奶和咖啡的比例是1：2或1：3,在萃取出來的義式濃縮咖啡裡添加用蒸汽加熱的牛奶。奶泡是製作成較薄且滑順的質感,製作時的溫度也比較低。其名稱來自於西班牙文中的動詞「切」的過去分詞。美國有一種名為直布羅陀(Gibraltar)的類似飲品,據說是舊金山的藍瓶咖啡以一種被稱為直布羅陀的玻璃杯來供應,因此得名。

魔術

使用雙份義式濃縮咖啡,但萃取量比一般要少、酸味和甜味也更加濃厚。製作時的牛奶量比馥列白還少,是發源於澳大利亞墨爾本的飲品。因為奶泡的量也比較少,能夠直截了當地感受到義式濃縮咖啡的韻味。

BASE

咖啡

Cold

義式濃縮通寧

咖啡廳與咖啡站中大家都很熟悉的品項，也是夏天的招牌飲料。
這款義式濃縮咖啡基底的飲品，
能夠藉由改變豆子的種類或通寧水來進行變化。

材料（飲品1杯的量）
義式濃縮咖啡⋯⋯⋯⋯⋯⋯40g
通寧水⋯⋯⋯⋯⋯⋯⋯⋯130g
檸檬片⋯⋯⋯⋯⋯⋯⋯⋯⋯1片

Cold
1. 萃取義式濃縮咖啡。
2. 慢慢地在玻璃杯中加入冰塊（分量外）和通寧水。
3. 將**1**的義式濃縮咖啡沿著冰塊緩緩地倒入。
4. 用檸檬片裝飾。

冰搖咖啡

經常能在義大利餐酒館等地喝到、
使用雪克杯讓義式濃縮咖啡急速冷卻的咖啡飲品。
稍微加入一點水，就能調節濃度和溫度，讓泡沫更容易產生。
也非常推薦加入牛奶或柑橘風味的啤酒。

BASE
———
咖啡
———

Cold

材料（飲品1杯的量）
義式濃縮咖啡 ⋯⋯⋯⋯⋯ 40g
細砂糖 ⋯⋯⋯⋯⋯⋯⋯ 15g
水 ⋯⋯⋯⋯⋯⋯⋯⋯ 40g

Cold
1. 萃取義式濃縮咖啡。
2. 將**1**和細砂糖放入雪克杯中，倒入水。
3. 將冰塊（分量外）放入**2**。
4. 搖盪雪克杯，讓溫度急速下降並混入空氣。
5. 倒進玻璃杯中。這時要打開杯蓋和隔冰器，連同泡沫一起倒入。

Point

冰塊量要放到能高出義式濃縮咖啡左右的程度。

雪克杯的杯蓋要確實蓋好，以平行橫倒的角度進行8字型搖盪。

Part 1 ｜ 咖啡的軟性飲料

BASE

巧克力

Cold

摩卡咖啡

巧克力的濃厚韻味跟義式濃縮咖啡的苦味相當契合。
可可味強烈的黑巧克力，
搭配甜味較濃的牛奶巧克力，調製出風味深厚的一杯飲品。

材料（巧克力醬）
黑巧克力（調溫巧克力）⋯⋯⋯150g
牛奶巧克力（調溫巧克力）⋯⋯50g
熱水⋯⋯⋯⋯⋯⋯⋯⋯⋯⋯⋯200g

1. 將黑巧克力與牛奶巧克力混合，倒
　　入熱水使其融化、製作巧克力醬。

材料（飲品1杯的量）
義式濃縮咖啡⋯⋯⋯⋯⋯⋯⋯⋯20g
巧克力醬⋯⋯⋯⋯⋯⋯⋯⋯⋯⋯40g
牛奶⋯⋯⋯⋯⋯⋯⋯⋯⋯⋯⋯150g
黑巧克力⋯⋯⋯⋯⋯⋯⋯⋯⋯⋯5g

Cold
1. 萃取義式濃縮咖啡。
2. 將巧克力醬倒入**1**中，攪拌混合。
3. 將**2**倒進玻璃杯中，放入冰塊（分量
　　外）後倒入牛奶。
4. 從玻璃杯上方削下巧克力屑。

漂浮咖啡凍

爲漂浮冰咖啡這個經典品項
加入咖啡凍，讓它成爲一款能享受口感的飲品。

材料（咖啡凍）

吉利丁（粉）	10g
水（吉利丁用）	30g
義式濃縮咖啡	50g
水	350g
細砂糖	100g

1. 將吉利丁泡進水裡，使其膨脹。
2. 將義式濃縮咖啡和水、砂糖放進鍋子裡，開中火加熱到60°C。接著關火，放入1攪拌混合。
3. 吉利丁溶解後，用冰水（分量外）冰鎮鍋子，冷卻到濃度變濃。最後倒進容器裡，放進冰箱冷藏，待其凝固。

材料（飲品1杯的量）

冰咖啡	150g
冰淇淋	100g
咖啡凍	50g

Cold
1. 將冰塊（分量外）放進玻璃杯中，再倒入冰咖啡。
2. 擠入冰淇淋，再放入咖啡凍。

BASE

咖啡

Cold

冰葡萄柚咖啡

搭配柑橘類風味的咖啡，
一起享受葡萄柚的果汁與果肉。

BASE

咖啡

Cold

材料（糖煮葡萄柚）
葡萄柚 ································1顆
[A]
白酒 ···························80g
水 ····························50g
細砂糖 ················4大匙（60g）
鹽 ·························1小撮

1. 取出葡萄柚的籽。去皮切瓣。
2. 將A放入鍋子後開火。等到細砂糖
溶解就放入**1**，接著待其冷卻。

材料（飲品1杯的量）
葡萄柚 ································1顆
糖煮葡萄柚 ····················100g
義式濃縮咖啡
（柑橘類香氣的豆子）·········50g

Cold
1. 將葡萄柚用食物攪拌機絞碎。
2. 將糖煮葡萄柚倒進玻璃杯中。
3. 放入冰塊（分量外），依序倒入**1**和
義式濃縮咖啡。

材料（樹莓醬）

樹莓果泥 ⋯⋯⋯⋯⋯⋯⋯⋯⋯250g
細砂糖 ⋯⋯⋯⋯⋯⋯⋯⋯⋯⋯250g
檸檬果泥 ⋯⋯⋯⋯⋯⋯⋯⋯⋯10g

1. 將樹莓果泥、細砂糖、檸檬果泥5g放進鍋子裡，開中火。加熱到即將沸騰、細砂糖都溶化為止。
2. 將鍋子移開火源，用冰水（分量外）冰鎮，接著放入檸檬果泥5g。

材料（飲品1杯的量）

義式濃縮咖啡
（莓果香氣的豆子）⋯⋯⋯⋯50g
樹莓醬 ⋯⋯⋯⋯⋯⋯⋯⋯⋯⋯30g

Hot

1. 萃取義式濃縮咖啡。
2. 在義式濃縮咖啡中加入樹莓醬

BASE

咖啡

Hot

義式濃縮與果實

季節水果搭配使用相同風味的咖啡豆所製成的義式濃縮咖啡，芳醇的香氣更加迷人。

Part 1　咖啡的軟性飲料

材料（牛奶巧克力醬）

牛奶	150g
牛奶巧克力（調溫巧克力）	150g

1. 將牛奶巧克力放進溫熱的牛奶中，使其融化，製作成牛奶巧克力醬。

材料（飲品1杯的量）

義式濃縮咖啡	50g
牛奶巧克力醬	30g
滴漏式咖啡	120g
鮮奶油（ESPUMA）	30g
義式濃縮咖啡粉	適量
可可碎粒	少許

Hot

1. 萃取義式濃縮咖啡。

2. 將牛奶巧克力醬和義式濃縮咖啡倒進杯子裡，攪拌混合。

3. 將滴漏式咖啡倒進**2**。

4. 擠上鮮奶油，撒上義式濃縮咖啡粉和可可碎粒。

巧克力咖啡

滴漏式咖啡×義式濃縮咖啡的苦味，
加上鮮奶油的甜味，
為飲品添加醇厚的感受。

BASE

咖啡

Hot

材料（紅眼）
義式濃縮咖啡 ……………………25g
滴漏式咖啡 ………………………125g

材料（黑眼）
義式濃縮咖啡 ……………………50g
滴漏式咖啡 ………………………100g

材料（死眼）
義式濃縮咖啡 ……………………75g
滴漏式咖啡 ………………………75g

Hot
1. 萃取義式濃縮咖啡。
2. 將義式濃縮咖啡倒入滴漏式咖啡之中。

Cold
1. 萃取義式濃縮咖啡。
2. 將冰塊（分量外）放進玻璃杯中，再倒入**1**和滴漏式咖啡。

BASE

咖啡

Hot & Cold

紅眼
（黑眼、死眼）

在滴漏式咖啡中加入義式濃縮咖啡，
令咖啡的韻味能夠呈現更濃郁、更有深度的表現。

Part 1　咖啡的軟性飲料

037

材料（飲品1杯的量）
格雷伯爵茶（茶葉）⋯⋯⋯⋯3g
熱水⋯⋯⋯⋯⋯⋯⋯⋯⋯⋯150g
義式濃縮咖啡⋯⋯⋯⋯⋯25g

Hot
1. 將熱水（分量外）倒進茶器與杯子中，溫熱器具。
2. 倒掉茶器裡的熱水，放入茶葉。接著一口氣把沸騰的熱水倒進去，最後蓋上蓋子，悶蒸4分鐘。
3. 萃取義式濃縮咖啡。
4. 倒掉1的杯子裡的熱水，接著倒入義式濃縮咖啡和2。

格雷伯爵茶咖啡

藉由相同的柑橘類香氣
整合咖啡與格雷伯爵茶，
就完成了後味清爽的茶咖啡。

BASE

咖啡

Hot

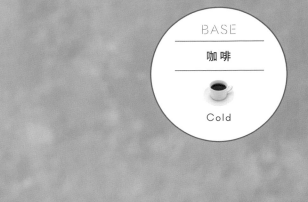

BASE

咖啡

Cold

材料（樹莓奶蓋約400g）

水	200g
樹莓果泥	100g
細砂糖	80g
ESPUMA慕斯	20g

1. 將全部的材料都放入食物攪拌機裡進行攪拌。
2. 將**1**放進奶油槍的瓶子裡，扭緊蓋子。
3. 轉開氣瓶上的拴閥，將氣體填充接頭接上奶油槍瓶子的注入口，進行氣體填充。
4. 當氣體的聲音消失後，取下氣體填充接頭，關閉栓閥。

材料（飲品1杯的量）

義式濃縮咖啡	50g
水	適量
樹莓奶蓋	30g

Cold

1. 將冰塊（分量外）放進玻璃杯中，再倒入義式濃縮咖啡和水。
2. 將樹莓奶蓋擠在**1**上面。

※中文版註：
　本書食譜使用的奶油槍（請見P.006）不同於市面上常見的小鋼瓶補充款式，因此在氣體填充以及製作過程會略有差異。

樹莓慕斯

將樹莓的酸甜
化為鬆軟的ESPUMA慕斯，
令義式濃縮咖啡變得更加爽口。

Part 1 ｜ 咖啡的軟性飲料

BASE

咖啡

Cold

堅果拿鐵咖啡
（煉乳珍珠）

煉乳珍珠讓風味的層次與口感大升級！
散發杏仁奶和杏仁碎粒香氣的拿鐵咖啡。

材料（珍珠）

水	1200g
黃金珍珠	200g

1. 用強火將珍珠量5～6倍的水加熱到沸騰。
2. 放入黃金珍珠，開強火一邊攪拌一邊熬煮。再次沸騰後轉中火，繼續煮40分鐘。
3. 將鍋子移開火源，用篩網過濾，再放進保溫器或其他鍋具保溫。

※煮過之後珍珠會變大1.5倍。

材料（飲品1杯的量）

黃金珍珠（煮好的）	80g
煉乳	30g
義式濃縮咖啡	50g
杏仁奶	160g
鮮奶油	50g
杏仁碎粒	適量

Cold

1. 將黃金珍珠跟煉乳放進玻璃杯中，輕輕地攪拌混合。
2. 萃取義式濃縮咖啡。
3. 將冰塊（分量外）和杏仁奶放進**1**，緩緩地倒入義式濃縮咖啡。
4. 擠上鮮奶油。最後撒上杏仁碎粒。

果凍咖啡

把義式濃縮咖啡和草莓果凍放進杯子後均勻攪拌，
就能完成一杯帶有濃稠感的水果咖啡。
至於要挑選哪一種香氣的咖啡豆，請配合水果來進行選擇。

BASE

咖啡

Cold

材料（草莓果凍）

吉利丁（粉）	10g
水（吉利丁用）	30g
草莓果泥	200g
水	200g
細砂糖	100g

1. 將吉利丁泡進水（吉利丁用）裡，使其膨脹。
2. 將草莓果泥、水、細砂糖放進鍋子裡，開中火加熱到60℃。接著關火，放入**1**攪拌混合。
3. 吉利丁溶解後，將用冰水（分量外）冰鎮鍋子，冷卻到濃度變濃為止。最後倒進容器裡，放進冰箱冷藏，使其凝固。

材料（飲品1杯的量）

Ristretto（短萃取義式濃縮咖啡）	30g
水	70g
草莓果凍	100g

Cold
1. 將Ristretto、水、草莓果凍放進食物攪拌機裡，充分攪拌。

Point

要留意不要過度加熱，因此請用溫度計確實確認溫度。

吉利丁要確實溶解，不要留下任何固態物。

步驟**3**要放進冰箱之前，用噴霧器灑一些水，去除氣泡。

Part 1 ── 咖啡的軟性飲料

041

白拿鐵咖啡

與其白淨的外觀相反，
是一種帶有紮實咖啡香氣的不可思議牛奶飲料。
透過以蒸餾器取得的香氣，以及浸漬在牛奶中的咖啡粉，
就能轉移咖啡的苦味和香味。

材料（白咖啡）
牛奶 ························· 1000g
咖啡豆 ······················ 50g

1. 將咖啡豆放進牛奶裡，浸漬6個小時。
2. 以篩網濾掉咖啡豆。

材料（咖啡精華）
咖啡粉 ······················ 200g
水 ························· 1000g

1. 將咖啡豆粗磨，放進棉質咖啡濾布裡
2. 將**1**和水放進蒸餾器裡。
3. 開火，萃取出400g的精華。

材料（飲品1杯的量）
白咖啡 ······················ 200g
咖啡精華 ····················· 20g

Cold
1. 將冰塊（分量外）放進玻璃杯中，依序
　　倒入白咖啡和咖啡精華。

Point

將水和咖啡豆放進蒸餾器後開火加
熱，透過蒸汽萃取出咖啡豆的香氣。

浸漬咖啡豆的時候，請使用能夠密封
的瓶子等容器來保存會比較妥當。

BASE

咖啡

Cold

Part 2

Tea Soft Drink

茶 的
軟 性 飲 料

請配合茶葉的種類來掌握沖泡的方式吧。
確實嚴守基礎,就能最大限度地
引出茶湯的美味。

掌握茶的種類以及萃取成分

茶這種飲料，會因為產地或葉子的種類、形狀、製法等因素，
令沖泡的方式或能萃取出的成分量出現差異。
請理解它們各自的特徵，來選擇適合的沖泡法。

茶葉的形狀與製法、發酵

雖然從葉長4～5cm的類型，到20～30cm的大型葉都有，但實際上茶樹就只有1種而已。隨著製法的不同，就會變化出綠茶或紅茶等各式各樣類型的茶。

栽種的國家不同也會影響製法，在日本大多飲用不發酵茶。在中國各地區，就出現了從綠茶這種不發酵茶，到發酵的青茶、發酵程度更勝青茶的普洱茶等相當多元的製茶法。特徵就是不同的生產地域會孕育出截然不同的香氣。每一片土地都有獨自的飲食文化，這些茶也配合飲食，長年受到當地人的喜愛。

| 蒸製 |

煎茶、玉露、冠茶、玉綠茶、番茶
[適合溫度] 50～80℃

| 紅茶 |

大吉嶺、阿薩姆、藍山、烏瓦、祁門、汀普拉、格雷伯爵
[適合溫度] 90～100℃

| 釜炒製 |

[中國] 龍井茶、黃山毛峰、都勻毛尖、洞庭碧螺春
[日本] 玉綠茶
[適合溫度] 70～80℃

| 黑茶 |

普洱茶、餅茶、茯磚茶、沱茶、方茶、緊茶
[適合溫度] 95℃以上

| 青茶 |

武夷岩茶、鐵觀音、水仙茶、包種茶、白毫烏龍茶
[適合溫度] 90～100℃

| 花茶 |

桂花茶、茉莉花茶
[適合溫度] 85～100℃

熱水溫度與萃取出的成分

茶因為蘊含「兒茶素」這種多酚成分而受到矚目。在海外地區，對於茶的認知也從一種嗜好類型的飲料逐漸轉變為健康飲食，這也跟人們開始意識到營養攝取方式這一點息息相關。

高溫的沖泡法會讓帶苦味的咖啡因或帶澀味的兒茶素被萃取出來，讓苦味或澀味變得更加強烈，這會令茶飲變得不太好入口。甜點風茶飲擁有緩解苦味或澀味、讓人喝起來更順口的效果，因此擴展到世界各地。茶飲能夠與甜度取得良好的平衡，而且香氣也更加強烈，讓人得以感受到箇中美味。

藉由理解萃取出的成分，就能知道要選擇飲用什麼樣的濃度和風味。

温度 ＼ 成分	茶氨酸	咖啡因	兒茶素	香氣
50度	玉露			
60度	玉露			
70度	上煎茶、綠茶			
80度	煎茶、花茶、白茶、黃茶			
90度	白茶、黃茶、青茶			
100度	玄米茶、紅茶、普洱茶、烘焙茶、黑茶、青茶			

茶氨酸

茶的鮮味成分有一半以上是由茶氨酸所構成的。此外，茶葉中蘊含的氨基酸，還有麩胺酸、天門冬胺酸、精胺酸、絲胺酸等種類。

兒茶素

多酚的一種。過去被稱為單寧，是綠茶澀味的主要成分。

咖啡因

咖啡因是茶苦味的主要成分，多存在於幼芽之中。也因為這個原因，抹茶或玉露等類型的咖啡因含量就相當高。

香氣

茶的香氣成分有300種以上。其中芳樟醇、香葉醇這些成分有類似檸檬或玫瑰等水果或花卉的香氣，其他還有葉醇或吡嗪類等類型。

從不同的茶種來檢視
最適合的沖泡方式

製法或茶葉的形狀、大小等會讓適合的熱水溫度與分量產生差異。
請大家熟記能把每種茶的美味最大限度地提取出來的基本沖泡方式。

基本的茶飲沖泡
思考方式

茶飲的沖泡方式非常地多樣化，其中以「茶葉的量」、「熱水的量」、「萃取時間」為基準是基本的做法。萃取會因為茶葉的類型而有所差異，請評估鮮味（胺基酸）、澀味（多酚）、苦味（咖啡因）之間的均衡來進行調節。

直接感受到的茶飲魅力

茶是以被稱為「Camellia sinensis」（茶樹）的植物為原料的飲料，全世界的產茶地域大概遍及30多個國家。

茶樹裡頭也存在各式各樣的種類，主要可以分類成「中國種」和「阿薩姆種」2種系統。其他也有「中國大葉種」、「撣種‧緬甸種」、「柬埔寨種」、「近緣種」、「大理種」等因應地域不同的稀有類型。

氣候或土壤等自然環境條件、栽種或製茶方法等因素，都會因為所在地域的不同而出現差異性，茶葉的形狀也很多樣化。要分類製作完畢的茶，可以分為「發酵茶」、「半發酵茶」、「不發酵茶」這3個種類。紅茶屬於發酵茶、中國或台灣的烏龍茶則是半發酵茶、至於日本茶大多都屬於不發酵茶。

〈不發酵茶〉
煎茶、深蒸茶、玉綠茶

鮮味強烈的類型就用低溫、想提取香味的類型就用高溫來萃取。

[茶葉]4～5g　　　[熱水量]200g
[熱水溫度]70～80℃　　[浸漬時間]1～1分30秒

〈不發酵茶〉
玉露

強烈的鮮味是玉露的特徵，即使用低溫也很容易萃取。還有能藉由長時間浸泡冰水、只將鮮味的部分提取出來的沖泡法。

[茶葉]5～6g　　　[熱水量]100g
[熱水溫度]50～60℃　　[浸漬時間]1～1分30秒

〈半發酵茶〉
釜炒茶

想要有效運用華美的香氣，濃度淡一點會比較妥當。因為在高溫萃取的情況下會提取出強烈的澀味，所以就用縮短浸漬時間來進行調節。

[茶葉]4～5g　　　[熱水量]230g
[熱水溫度]85～95℃　　[浸漬時間]1～2分

〈不發酵茶〉
烘焙茶、玄米茶

想要提取宜人的焙煎香氣和較顯著的甘甜，使用高溫是最合適的。如果苦味太過明顯的話，就靠浸漬時間或熱水溫度來加以調整。

[茶葉]3～4g　　　[熱水量]200g
[熱水溫度]90～100℃　　[浸漬時間]30秒

〈不、弱發酵茶〉

綠茶、白茶（中國茶、台灣茶）

綠茶
摘茶後，茶葉成分裡的兒茶素經過加熱處理，就不會氧化發酵。擁有花朵般的甘甜香氣和醇厚的風味是其特徵。

白茶
製茶工序中只進行萎凋和乾燥所製作的茶葉。擁有輕盈甘美的柔和香氣。

[茶葉]2～3g　　　　　[熱水量]250g
[熱水溫度]85～90℃　[浸漬時間]2～3分

〈發酵茶〉

黃茶、青茶（中國茶、台灣茶）

黃茶
藉由加熱處理時的溫度調降來讓茶葉中的酵素進行氧化發酵的茶葉。含有很多胺基酸，味道宛如花香或蜜香。

青茶（烏龍茶）
藉由在茶葉的發酵過程中進行加熱以中止發酵的半發酵茶。從芳醇的類型到帶有清涼感的類型，擁有各式各樣的香氣。

黃茶
[茶葉]3～4g
[熱水量]250g
[熱水溫度]80～85℃
[浸漬時間]2～3分

青茶
[茶葉]3～4g
[熱水量]250g
[熱水溫度]85～95℃
[浸漬時間]2～3分

〈發酵茶〉

紅茶／大片茶葉（全葉）

越是優質的紅茶，葉片就越是柔軟，會直接以這樣的狀態使用。慢慢地花時間進行蒸茶，就能萃取出優質的精華。

[茶葉]3～4g　　　　　[熱水量]200g
[熱水溫度]90～100℃　[浸漬時間]2～3分

〈發酵茶〉

紅茶／小片茶葉（破碎、CTC等）

為了更容易萃取，所以會粉碎葉子較硬的茶葉，或者是處理成小圓球狀。即便是短時間的萃取也能很容易地將精華萃取出來，是其特徵。

[茶葉2～3g　　　　　[熱水量]200g
[熱水溫度]90～100℃　[浸漬時間]1～2分

愛樂壓

能夠透過加壓來提高萃取力的的器具。
在製作需要用到茶的變化型飲品時，
可以萃取出不下副材料的風味。

反過來設置，以反轉沖煮的形式來萃取。
一邊用電子秤測量、一邊放入茶葉。

一邊計算熱水的量、一邊倒水。

用湯匙等器具進行整體攪拌。

為了減少變動，稍微縮減一下間隙。

靜置1分30秒～2分鐘左右。

反轉過來、裝設在比較堅固的耐熱容器上，慢慢地按壓。

抹茶的基本道具和刷茶的基礎

使用抹茶調製拿鐵等軟性飲料,在年輕人之間也很受歡迎。
透過正確的刷茶方式,淬鍊出抹茶原本的香氣、鮮味與甜味。

抹茶	屬於綠茶的一種,將粉末化的茶葉(碾茶)與熱水混合之後飲用的茶。風味相當濃郁,特有的香氣、富含深度的澀味與鮮味是它的特徵。

① **茶罐・抹茶**

為了保持品質,抹茶要放入冰箱裡進行保存。因此必須要選擇能確實密封的容器。

② **抹茶碗**

選擇底部呈圓形、容易刷茶的款式。如果是附有類似壺嘴部位的單口類型,要倒進玻璃杯等容器時會更加方便。

③ **濾茶網**

為了避免結塊的問題,一開始要先用濾茶網將抹茶過濾。推薦選用容易清洗、格紋單純的款式。

④ **電子秤**

用來量測抹茶粉和熱水的道具。

⑤ **茶筅**

攪拌抹茶和熱水用的道具。因為可以拆開來清洗,所以衛生條件優異。如果要用在咖啡廳等餐飲店的話,推薦選用耐腐朽的塑膠製品。如果是想刷出細緻氣泡的場合,選擇國產竹製、竹穗數量多的類型會比較好。電動奶泡器或雪克杯等能夠混入空氣的器具也可以當成代用品。

⑥ **茶杓(湯匙)**

用來舀抹茶粉的匙子。因為用濾茶網過濾時也會用到,所以可準備耐久度高的湯匙。

抹茶是很通俗的飲料

將抹茶作為飲料來看待時，世間對它的印象就是和我們之間存在距離感的飲品。抹茶雖然價格較高，但是檢視它作為飲料的樂趣，就會發現和那些需要經過萃取過程的飲料相比，抹茶的沖泡方式比較簡單。這是它的特徵。不必在意做法就能進行品質管理，再花點時間進行消除結塊的工序，只要手邊有抹茶粉、熱水、茶筅，無論是誰都能享用美味的抹茶。而且茶筅也能用電動奶泡器或雪克杯等器具來替代，因此也可以說沖泡時的難度並沒有那麼高。

進行刷抹茶

[材料]	抹茶粉………3〜4g
	熱水…………30〜40g
[熱水溫度]	80℃（±4℃）

①用濾茶網過濾抹茶粉，一開始就過濾即可消除結塊問題、讓刷茶能夠刷得更均衡。

②將少量的熱水倒在抹茶粉上。

③像是用茶筅搓揉那樣律動，消除結塊。

④倒入剩下的熱水，直到液面整體都出現氣泡之前、使用茶筅前後律動進行刷茶。
※如果是用於調製冷飲的場合，這時請用與剩下的熱水等量的冷水來代替。這樣冰塊就不易融化，茶湯不會因此被沖淡。

⑤用茶筅在液面溫和地前後律動，抹除大的氣泡。

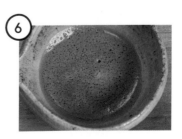

⑥將氣泡的大小調整到均一程度。

紅茶和綠茶
的基本沖泡方式

紅茶和綠茶可說是茶飲的代表。除了熱水溫度和萃取時間之外，
遵守沖泡時的規則，就是泡出一杯美味茶飲的訣竅。

紅茶的跳躍

進行萃取時，要觀察茶葉的狀態、
確認是不是以最合適的方式沖泡。

這是日本人沖泡紅茶時的用語。意指倒入熱水的時候，因為熱對流的關係，茶葉會在熱水中重複躍起和降落的上下運動現象。這是最大限度地提取茶葉風味和香氣的狀態。使用富含氧氣的新鮮軟水，一口氣倒進預熱過的圓形壺中，然後蓋上蓋子、讓茶葉充分地經過悶蒸。走完這些基本的順序，就能達到有效的萃取。

沖泡紅茶

將準備沖泡時才取來的自來水（超軟水）煮沸後使用。
茶壺、杯子、茶盤、湯匙等泡茶用具都預先用熱水溫熱過。
※中文版註：使用自來水為日本特有的環境條件，請依據所處地域的用水與衛生環境條件選擇最安全的用水方式。

將茶葉放入溫熱過的壺中。

從比壺還高的位置一口氣將熱水倒入。

蓋上蓋子，進行悶蒸。

悶蒸的時間會因茶葉的種類而異，如果要沖奶茶，時間要拉得長一點。也推薦使用茶壺保溫套和茶墊來提升保溫的效果。

用湯匙在壺中輕輕地攪拌。

過濾茶葉。如果是使用手沖壺的場合，為了讓濃淡維持均等，請一邊搖晃茶壺、倒入茶篩過篩到最後一滴茶湯。

※中文版註：本範例使用的是設有按壓開關手把的Tea Dripper式茶具。

紅茶的最醇的一滴

將萃取完畢的壺連同濾茶網一起輕輕搖晃，就連最後1滴茶湯都不要留下。這就被稱為「黃金的1滴」（Golden Drop）或是「最醇的1滴」（Best Drop）。

這是濃縮紅茶美味成分的1滴，它的澀味可以更加凝聚紅茶的韻味。跟熱水相比，紅茶的美味成分比重是較重的，它們會沉澱在茶壺的底部。因此就算是最後的1滴，也要確實將其中含有的紅茶濃郁成分萃取出來。

沖泡日本茶

使用Tea Dripper式的茶具，沖泡起來非常簡單。
放入茶葉後，就只需要倒入熱水就可以了。
選用Tea Server式的茶具或是耐熱容器都沒問題。

1 量測茶葉的量，將茶葉放入壺裡。

2 倒入熱水。

3 熱水的量要配合人數或杯子的尺寸來決定定量。

4 蓋上蓋子，悶蒸2分鐘。

5 壓下壺的開關把手，萃取到最後一滴。

6 如果是用耐熱容器沖泡的場合，請先經過濾茶網、將茶湯過濾到另一個茶壺裡。

日本茶的
新沖泡方式

過去萃取日本茶的時候都是採用浸漬式來處理,然而
能從茶葉中萃取的可溶性物質很多,光是仰賴浸漬是無法有效萃取的。
只要改變萃取的方法,就能提取更多其中的成分。

過去的沖泡法與滴漏式

一般來說,提到萃取日本茶(煎茶)時使用的器具就是急須壺了。急須壺是內附濾茶網的萃取器具,從很久以前就開始被日本人使用。

煎茶的茶葉從江戶時代後期開始出現變化,更具多樣性。配合這些改變,急須壺的樣子也隨之進化。過去的急須壺在萃取時會出現以下的問題:因為在浸漬、滲透時的注水不通暢所導致的過度萃取,或者是傾斜時茶葉浸漬部分的差異。像這類風味的再現性或操作的一貫性等部分都很容易變得非常不明確。

但是茶葉和熱水量的比例、熱水溫度等變動要素若是能夠固定下來的話,只要藉由控制浸漬時間等微調,就能夠進行風味的調整。如果風味安定,因應茶葉個性來規劃的食譜等可能性就會變得更寬廣了。

從花費時間跟便利性的觀點來看,雖然一般家庭沖泡煎茶的機會也減少了,但如果是滴漏式萃取的話,即便是在忙碌的早晨時間,清洗過濾用具也很簡便、衛生條件佳,而且只要約1分鐘左右的萃取時間就能牽引出茶葉的個性。後面就會介紹這樣的沖泡方式。

日本茶滴漏的基本

基本上會倒3次。日本茶會分成1煎、2煎數次倒入熱水,幾乎可說是一種長時間的享受。但是採用滴漏式的話,就會像咖啡那樣彙整成1杯來沖泡。

主要來說,要匯集茶葉的精華,就是在累積1煎(鮮味)、2煎(鮮味、甜味)、3煎(甜味、澀味)風味的情況下萃取。此外,如果是深蒸茶等茶種,想要確實萃取、呈現出濃度感的話,就需要分成4~5次來倒水。

假使直到第2次為主都照樣萃取,第3次採用長時間浸漬的話,就能調整濃度。浸漬可以一定程度上維持對茶葉的穩定萃取,而分次滲透可以有效率地提取吸附在茶葉周遭的精華,也能以鮮味和甜味為基礎、調整澀味。我們要理解構成茶飲風味的鮮味、甜味(胺基酸)、澀味(「兒茶素類」多酚)、苦味(咖啡因)的溶出方式,以平衡性佳的風味為目標。胺基酸是即便在低溫狀態也能立刻溶出的成分,而兒茶素、咖啡因則是在高溫狀態比較容易萃取的成分。

基本的道具

① 浸漬式濾杯開關

其構造可以讓熱水儲存起來的滴漏式用具。原本是沖咖啡使用的器具,但也可以用來萃取茶湯。

③ 快煮壺

能夠將沸騰的熱水調整到最適合萃取溫度的熱水水壺。最適合用於熱水水溫的管理。

② 不鏽鋼濾網&壺

如果使用濾紙的話,會讓茶葉中含有的許多成分流失,因此使用不鏽鋼製濾網。壺的部分只要是耐熱容器就可以了。

④ 電子秤

除了茶葉這種很輕的東西之外,也能在沖泡過程中進行總量的量測。

沖泡日本茶

藉由正確的滴漏沖泡,
就能最大限度地提取茶葉原本的鮮味。

HOT		ICE	
[材料]	茶葉………5〜6g	[材料]	茶葉………250g
	熱水………250g		熱水………170g
[熱水溫度]	80〜85℃		冰塊………3個
		[熱水溫度]	80〜85℃

① 將濾杯和不鏽鋼濾網裝在壺上,放入茶葉。

② 在濾杯開關朝上的關閉狀態,用5秒左右的時間倒入50g的熱水。

③ 30秒後,把濾杯開關往下扳、讓茶湯滲透下去。接著立刻往上扳回。 ※因為茶葉會吸收約5倍的水分,所以水量為茶葉量的5倍會比較理想。

④ 約5秒後,倒入100g的熱水(總量150g)。浸漬約10秒後,把濾杯開關往下扳、讓茶湯滲透下去。接著立刻往上扳回。

⑤ 跟步驟④相同,倒入100g的熱水(總量250g)。浸漬約10秒後,把濾杯開關往下扳、讓茶湯滲透下去。

⑥ 試喝確認。如果萃取不足的話,就增加倒水的次數,或者是將步驟④的浸漬時間延長到超過10秒,藉此調整澀味的比重或濃度。

BASE

綠茶

Cold

煎茶通寧

在低溫狀態下藉由重複浸漬、滲透，
均衡地萃取出茶的鮮味、兒茶素的澀味、
以及咖啡因的苦味等風味。
這個品項選用與香氣契合度佳的通寧水來搭配。

Point

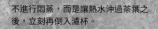

不進行悶蒸，而是讓熱水沖過茶葉之
後，立刻再倒入濾杯。

材料（飲品1杯的量）

綠茶（茶葉）	8g
熱水（50°C）	80g
通寧水	130g

Cold

1. 在浸漬式濾杯中放入綠茶的茶葉，以溫度較低的熱水重複經由濾杯滲透，均衡地萃取出甜和澀兩種味道。
2. 將冰塊（分量外）放進玻璃杯中，接著緩緩地倒入通寧水。
3. 緩緩地將**1**倒入。

材料（飲品1杯的量）

抹茶（粉）	4g
熱水	40g
牛奶	250g
和三盆糖	10g

Hot

1. 抹茶用濾茶網過濾後，放入抹茶碗裡。
2. 倒進熱水，以茶筅進行刷茶。
3. 用蒸汽加熱牛奶、打出奶泡。
4. 將奶泡倒入至杯子的杯緣處。
5. 從奶泡上方將沏好的抹茶緩緩地倒入。接著倒入剩下的奶泡，遮掩因注入抹茶被染色的部分。
6. 在奶泡表面撒上和三盆糖，就像是要蓋住奶泡的表面那樣。

和三盆抹茶拿鐵

和三盆糖柔和的甜味，
襯托出抹茶那纖細的芳香與風味。
因爲會先倒入牛奶，
所以飲品呈現出抑制了抹茶的苦味、柔順的牛奶飲品印象。

BASE

抹茶

Hot

Part 2 ｜ 茶 的 軟 性 飲 料

紅紫蘇烘焙茶蘇打

使用紅紫蘇烘焙茶的飲料，推薦在夏天享用。
藉由和風素材的組合，
調製出帶有日本特色的飲品。
製作時有意識到酸味的平衡以及鹽所帶來的味覺深度。

BASE

烘焙茶

Cold

材料（紅紫蘇糖漿）

紅紫蘇	15g
檸檬汁	9g
梅醋	15g
鹽	少許
熱水	120g
細砂糖	45g

1. 將紅紫蘇、檸檬汁、梅醋、鹽、熱水放進鍋子裡熬煮。接著放入細砂糖，煮到溶化。

材料（飲品1杯的量）

烘焙茶（茶葉）	6g
熱水	50g
黍砂糖	5g
紅紫蘇糖漿	20g
氣泡水	150g

Cold

1. 將烘焙茶的茶葉研磨得細一點。
2. 使用反轉沖煮，在愛樂壓中放入**1**，接著倒入沸騰的熱水。
3. 進行攪拌，裝設過濾用具。
4. 經過2分30秒後，把愛樂壓倒過來，將萃取出的烘焙茶壓入耐熱容器裡。接著添加黍砂糖，待其溶解。
5. 將紅紫蘇糖漿、水（分量外）、氣泡水倒進玻璃杯中。最後緩緩地倒入**4**。

材料（飲品1杯的量）

烘焙茶（茶葉）	6g
熱水	40g
黍砂糖	5g
牛奶	200g

Hot

1. 將烘焙茶的茶葉研磨得細一點。
2. 使用反轉沖煮，在愛樂壓中放入**1**，接著倒入沸騰的熱水。
3. 進行攪拌，裝設過濾用具。
4. 經過2分30秒後，把愛樂壓倒過來、將萃取出的烘焙茶壓入內熱容器裡。接著添加黍砂糖，待其溶解。
5. 用蒸汽加熱牛奶、打出奶泡。
6. 將**4**倒進杯子裡，最後倒入**5**。

烘焙茶拿鐵

使用愛樂壓這種咖啡萃取用具
來萃取出濃郁的烘焙茶，再搭配牛奶調製。
茶葉研磨得越細，就能提升萃取的效率。

BASE

烘焙茶

Hot

BASE

烘焙茶

Hot

材料（飲品1杯的量）

烘焙茶（茶葉）⋯⋯⋯⋯⋯⋯⋯5g
蘋果汁⋯⋯⋯⋯⋯⋯⋯⋯⋯230g
肉桂棒⋯⋯⋯⋯⋯⋯⋯⋯⋯適量

Hot

1. 將熱水（分量外）倒進耐熱容器和杯子裡，溫熱容器。
2. 倒掉耐熱容器裡的熱水，放入烘焙茶的茶葉。
3. 將蘋果汁倒進容器中，用蒸汽加熱到85℃。
4. 倒掉**1**的杯子裡的熱水。將**3**倒入**2**中，悶蒸3分鐘。
5. 用濾茶網過濾、倒進杯子裡。最後放入肉桂棒。

熱蘋果烘焙茶

在蘋果汁的甘甜之後，
伴隨而來的烘焙茶芳香的氣息餘韻令人心曠神怡。
是一款很適合秋冬季的飲品。

材料（奶油起司醬）

奶油起司 ⋯⋯⋯⋯⋯⋯⋯⋯⋯ 200g
細砂糖 ⋯⋯⋯⋯⋯⋯⋯⋯⋯⋯ 60g
玫瑰鹽 ⋯⋯⋯⋯⋯⋯⋯⋯⋯⋯⋯ 2g
煉乳 ⋯⋯⋯⋯⋯⋯⋯⋯⋯⋯⋯ 40g
牛奶 ⋯⋯⋯⋯⋯⋯⋯⋯⋯⋯ 120g

1. 將奶油起司、細砂糖、玫瑰鹽、煉乳放入調理碗中，以橡膠刮刀進行攪拌混合。
2. 一點一點地倒入牛奶，同時用手持式攪拌機攪拌混合。

材料（抹茶醬）

抹茶（石臼研磨）⋯⋯⋯⋯⋯ 200g
熱水 ⋯⋯⋯⋯⋯⋯⋯⋯⋯⋯⋯ 20g

1. 用濾茶網過濾抹茶粉，接著倒入熱水攪拌混合。

材料（飲品1杯的量）

抹茶醬 ⋯⋯⋯⋯⋯⋯⋯⋯⋯⋯ 40g
鮮奶油 ⋯⋯⋯⋯⋯⋯⋯⋯⋯⋯ 30g
奶油起司醬 ⋯⋯⋯⋯⋯⋯⋯⋯ 50g
豆漿 ⋯⋯⋯⋯⋯⋯⋯⋯⋯⋯ 150g
抹茶粉 ⋯⋯⋯⋯⋯⋯⋯⋯⋯⋯ 適量

Cold

1. 將20g的抹茶醬淋在玻璃杯的內側。
2. 將鮮奶油和奶油起司醬放入調理碗中，輕輕攪拌混合。
3. 將豆漿和剩下20g的抹茶醬倒進容器裡，輕輕攪拌混合。
4. 將冰塊（分量外）放進**1**，倒入**3**。接著把**2**淋上去，最後撒上抹茶粉。

抹茶提拉米蘇

讓鹽味有所發揮的奶油起司
與抹茶牛奶融合的甜點風飲品。

BASE

抹茶

Cold

材料（飲品1杯的量）
莓果果泥 ⋯⋯⋯⋯⋯⋯⋯⋯⋯30g
霜淇淋 ⋯⋯⋯⋯⋯⋯⋯⋯⋯100g
抹茶（粉）⋯⋯⋯⋯⋯⋯⋯⋯1.5g
熱水 ⋯⋯⋯⋯⋯⋯⋯⋯⋯⋯70g

Cold
1. 將莓果果泥放進玻璃杯中，擠上霜淇淋。
2. 將抹茶粉放進容器裡，倒入熱水後開始刷茶。
3. 將抹茶倒入1中。

Point

把霜淇淋擠入玻璃杯之前，先嘗試擠看看。

扳下霜淇淋機的把手，藉由讓玻璃杯畫出小小的圓圈這個動作，擠出螺旋狀的霜淇淋。

將霜淇淋機的把手扳回去，停止玻璃杯的動作。接著將玻璃杯往下拉，霜淇淋就完成了。

抹茶與莓果
阿芙佳朵

濃郁抹茶的苦味
與霜淇淋的甜味非常相襯。
莓果的酸味，
帶來了讓大人們享受的複雜韻味。
不管是直接享用，
還是在融化時飲用都非常推薦。

BASE

抹茶

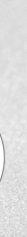

Hot

材料（飲品1杯的量）
格雷伯爵茶（茶葉）⋯⋯⋯⋯⋯3g
熱水⋯⋯⋯⋯⋯⋯⋯⋯⋯⋯⋯⋯95g
柳橙汁⋯⋯⋯⋯⋯⋯⋯⋯⋯⋯⋯40g
柳橙切瓣⋯⋯⋯⋯⋯⋯⋯⋯⋯⋯1片

Hot
1. 將熱水（分量外）倒進茶器和杯子裡，溫熱容器。
2. 倒掉茶器裡的熱水，放入格雷伯爵茶的茶葉。接著一口氣把沸騰的熱水倒進去，蓋上蓋子後悶蒸3分鐘。
3. 加熱柳橙汁。
4. 倒掉杯子裡的熱水。接著將**2**和**3**倒入，然後把柳橙切瓣再切成8等分，放入飲品中。

BASE

紅茶

Hot

熱伯爵茶佐柳橙

在溫熱的柳橙茶飲裡
再加入新鮮的柳橙，
讓香氣更加宜人遠播。

Part 2　茶的軟性飲料

材料（飲品1杯的量）
薔薇果（花茶）⋯⋯⋯⋯⋯⋯⋯⋯4g
熱水⋯⋯⋯⋯⋯⋯⋯⋯⋯⋯⋯200g
迷迭香（新鮮的）⋯⋯⋯⋯⋯⋯2枝
玫瑰花瓣（乾燥）⋯⋯⋯⋯⋯⋯適量

Hot

1. 將熱水（分量外）倒進茶器和杯子裡，溫熱容器。接著倒掉茶器裡的水。
2. 放入薔薇果花茶和1枝迷迭香。接著一口氣把沸騰的熱水倒進去，蓋上蓋子後悶蒸3分鐘。
3. 將**2**倒進杯子裡，放入玫瑰花瓣跟1枝迷迭香。

薔薇果與
迷迭香茶

帶有薔薇果的紅色與酸味，
以及迷迭香香氣與清爽感的香草茶。

BASE

香料 & 香草

Hot

蜜柑冰茶

☐ Restaurant　☑ Cafe　☐ Patisserie
☐ Fruit parlor　☑ Izakaya　☐ Bar

柑橘系風味的格雷伯爵茶和蜜柑的契合度超群。
用吸管稍微搗碎果肉，
就能享受到蜜柑果肉的顆粒感。

材料（格雷伯爵冰茶）
格雷伯爵茶（茶葉）————40g
熱水————630g
冰塊————220g
水————200g

1. 將格雷伯爵茶的茶葉放進容器裡，接著一口氣把沸騰的熱水倒進去，蓋上蓋子後悶蒸3分鐘。
2. 放入冰塊和水，等到冰塊融化後就用濾茶網過濾。

材料（飲品1杯的量）
蜜柑（罐裝）————150g
格雷伯爵冰茶————150g

Cold
1. 將蜜柑放進玻璃杯中，接著倒入格雷伯爵冰茶。

BASE

紅茶

Cold

葡萄與接骨木花茶

☐ Restaurant　☑ Cafe　☑ Patisserie
☑ Fruit parlor　☐ Izakaya　☐ Bar

使用接骨木花茶以及鹼性電解水，
就能欣賞到美麗的紫色。
茶飲配上葡萄的甜美，簡直就是絕妙。

材料（接骨木花冰茶）
接骨木花（花茶）————40g
熱水————730g
冰塊————320g

1. 將接骨木花茶放進容器裡，接著一口氣把沸騰的熱水倒進去，蓋上蓋子後悶蒸3分鐘。
2. 放入冰塊，等到冰塊融化後就用濾茶網過濾。

材料（飲品1杯的量）
白葡萄（冷凍）————8顆
接骨木花冰茶————150g

Cold
1. 將白葡萄與冰塊（分量外）放進玻璃杯中，接著用搗棒搗碎。
2. 倒入接骨木花冰茶。

BASE

香料 & 香草

Cold

Part 2 — 茶的軟性飲料

新鮮桃子茶

在白桃烏龍茶中放入新鮮的桃子，
一杯香氣四溢的飲料就完成了。
焦糖的香味也讓它成為一道甜點風飲品。

BASE

烏龍茶

Cold

材料（白桃烏龍冰茶）

白桃烏龍茶（茶葉）	40g
熱水	630g
冰塊	220g
水	200g

1. 將白桃烏龍茶的茶葉放進容器裡，接著一口氣把沸騰的熱水倒進去，蓋上蓋子後悶蒸3分鐘。
2. 放入冰塊和水，等到冰塊融化後就用濾茶網過濾。

材料（奶油起司醬）

奶油起司	200g
細砂糖	60g
玫瑰鹽	2g
煉乳	40g
牛奶	120g

1. 將奶油起司、細砂糖、玫瑰鹽、煉乳放入調理碗中，以橡膠刮刀進行攪拌混合。
2. 一點一點地倒入牛奶，同時用手持式攪拌機攪拌混合。

材料（飲品1杯的量）

桃子	1顆
白桃烏龍冰茶	120g
鮮奶油	25g
奶油起司醬	25g
Cassonade糖	適量

Cold

1. 將桃子切成較大的塊狀後放進玻璃杯中。
2. 倒入冰塊（分量外）和白桃烏龍冰茶。
3. 將鮮奶油、奶油起司醬放入調理碗中，輕輕攪拌混合。接著淋到2上。
4. 撒上Cassonade糖，用噴槍炙烤、製作出焦糖狀態。

巧克力伯爵茶

使用了調溫巧克力，
與格雷伯爵茶的香氣相互結合，
就醞釀出了成熟的風味。

材料（格雷伯爵冰茶）
格雷伯爵茶（茶葉）⋯⋯⋯⋯40g
熱水⋯⋯⋯⋯⋯⋯⋯⋯⋯⋯630g
冰塊⋯⋯⋯⋯⋯⋯⋯⋯⋯⋯220g
水⋯⋯⋯⋯⋯⋯⋯⋯⋯⋯⋯200g

1. 將格雷伯爵茶的茶葉放進容器
   裡，接著一口氣把沸騰的熱水倒
   進去，蓋上蓋子後悶蒸3分鐘。
2. 放入冰塊和水，等到冰塊融化後
   就用濾茶網過濾。

材料（巧克力醬）
黑巧克力（調溫巧克力）⋯⋯150g
牛奶巧克力（調溫巧克力）⋯50g
熱水⋯⋯⋯⋯⋯⋯⋯⋯⋯⋯200g

1. 將黑巧克力與牛奶巧克力混合，
   倒入熱水使其融化、製作巧克力
   醬。

材料（飲品1杯的量）
巧克力醬⋯⋯⋯⋯⋯⋯⋯⋯30g
格雷伯爵冰茶⋯⋯⋯⋯⋯⋯150g

Cold
1. 將巧克力醬淋在玻璃杯的內側。
2. 放入冰塊（分量外），最後倒入格
   雷伯爵冰茶。

BASE

紅茶

Cold

Part 2 ｜ 茶的軟性飲料

065

BASE

茉莉花茶

Cold

桃子茉莉花果昔

在中國也很受歡迎的茉莉花水果茶。
因爲水果選用冷凍的，
所以卽使不放冰塊也能完成冰涼的飲品。
直到喝完爲止都不會覺得味道被沖淡。

材料（茉莉花冰茶）
茉莉花茶（茶葉）－－－－－－40g
熱水 －－－－－－－－－－630g
冰塊 －－－－－－－－－－220g
水 －－－－－－－－－－－200g

1. 將茉莉花的茶葉放進容器裡，接
　著一口氣把沸騰的熱水倒進去，
　蓋上蓋子後悶蒸3分鐘。
2. 放入冰塊和水，等到冰塊融化後
　就用濾茶網過濾。

材料（飲品1杯的量）
茉莉花冰茶 －－－－－－－150g
冷凍桃子 －－－－－－－－100g
桃子果泥 －－－－－－－－50g
檸檬果泥 －－－－－－－－5g

Cold
1. 將茉莉花冰茶、冷凍桃子、桃子果
　泥、檸檬果泥放進食物攪拌機裡，
　進行攪拌。最後倒進玻璃杯中。

BASE

玄米茶

Cold

草莓豆沙茶拿鐵

由草莓、豆沙餡和求肥調製而成的飲料，
簡直就跟草莓大福一樣。
可以說是能邊吃邊喝的甜點風飲品。

材料（玄米冰茶）

玄米茶（茶葉）	40g
熱水	630g
冰塊	220g
水	200g

1. 將玄米茶的茶葉放進容器裡，接著一口氣把
   沸騰的熱水倒進去，蓋上蓋子後悶蒸3分鐘。
2. 放入冰塊和水，等到冰塊融化後就用濾茶網
   過濾。

材料（飲品1杯的量）

白豆沙餡	40g
玄米冰茶	100g
牛奶	30g
草莓	5顆
求肥	5塊

Cold

1. 將白豆沙餡放進玻璃杯中。
2. 將玄米冰茶、冰塊（分量外）放入**1**。倒入牛奶，最後
   放上切片的草莓和求肥。

杏仁珍珠奶茶凍飲

爲經典的珍珠奶茶
添加削下來的杏仁豆腐是這款飲料的重點。
帶有不可思議濃稠口感的刨冰眞是讓人欲罷不能。

材料（珍珠）
熱水 1200g
黃金珍珠 200g
三溫糖 80g

1. 用強火將珍珠量5～6倍的水加熱到沸騰。
2. 放入黃金珍珠，開強火一邊攪拌一邊熬煮。再次沸騰後轉中火，繼續煮40分鐘。
3. 將鍋子移開火源，用篩網過濾，再放進保溫器或其他鍋具，撒上三溫糖後進行保溫。

材料（奶茶）
烏瓦紅茶（茶葉）....................3g
熱水 100g
牛奶 200g

1. 將烏瓦紅茶的茶葉和水放進鍋子裡，開中火。加熱到沸騰後再繼續煮2分鐘。
2. 倒入牛奶，充分融合之後再用濾茶網過濾。

材料（冷凍杏仁豆腐）
杏仁奶 150g
牛奶 150g
杏仁霜 20g
細砂糖 30g
吉利丁（粉）........................5g
水（吉利丁用）......................30g

1. 將吉利丁泡進水（吉利丁用）裡，使其膨脹。
2. 將杏仁奶、牛奶、杏仁霜、細砂糖放進鍋子裡，開中火加熱到60℃。接著關火，放入1攪拌混合，讓吉利丁溶解。
3. 用冰水（分量外）冰鎮鍋子，冷卻到濃度變濃。最後倒進容器裡，放進冰箱冷凍，待其凝固。

材料（飲品1杯的量）
奶茶 160g
珍珠 80g
杏仁豆腐（冷凍）....................90g

Cold
1. 將珍珠、冰塊（分量外）放進玻璃杯中。接著倒入奶茶。
2. 將杏仁豆腐裝入刨冰機，在1上刨出杏仁豆腐冰屑。

BASE

紅茶

Cold

BASE

茉莉花茶

Cold

百香芒果茉莉花茶

以帶有濃郁甜味的芒果和異國風情香味的百香果，
搭配花卉的芳香氣息。
製作出一杯散發花香的茉莉花茶。

材料（茉莉花冰茶）
茉莉花茶（茶葉）⋯⋯⋯⋯⋯⋯40g
熱水⋯⋯⋯⋯⋯⋯⋯⋯⋯⋯⋯630g
冰塊⋯⋯⋯⋯⋯⋯⋯⋯⋯⋯⋯220g
水⋯⋯⋯⋯⋯⋯⋯⋯⋯⋯⋯⋯200g

1. 將茉莉花茶的茶葉放進容器裡，
  接著一口氣把沸騰的熱水倒進
  去，蓋上蓋子後悶蒸3分鐘。
2. 放入冰塊和水，等到冰塊融化後
  就用濾茶網過濾。

材料（飲品1杯的量）
茉莉花冰茶⋯⋯⋯⋯⋯⋯⋯⋯120g
芒果⋯⋯⋯⋯⋯⋯⋯⋯⋯⋯⋯40g
百香果⋯⋯⋯⋯⋯⋯⋯⋯⋯⋯1顆

Cold
1. 將茉莉花冰茶和芒果放進食物攪拌
  機裡，進行攪拌。最後倒進玻璃杯中。
2. 將百香果對半切開，舀出果肉淋到飲
  品上。

Part 2 ｜ 茶的軟性飲料

069

BASE

綠茶

Cold

哈密瓜綠茶

將甜味濃烈的紅肉哈密瓜冷凍，用來代替冰塊使用。
是在飲用清涼無比的煎茶的同時，
還可以品味哈密瓜風味的水果飲品。

材料（冰煎茶）

煎茶（茶葉）⋯⋯⋯⋯⋯⋯⋯40g
熱水⋯⋯⋯⋯⋯⋯⋯⋯⋯⋯630g
冰塊⋯⋯⋯⋯⋯⋯⋯⋯⋯⋯220g
水⋯⋯⋯⋯⋯⋯⋯⋯⋯⋯⋯200g

1. 將煎茶的茶葉放進容器裡，倒入
沸騰的熱水，接著蓋上蓋子後悶
蒸1分鐘。
2. 放入冰塊和水，等到冰塊融化後
就用濾茶網過濾。

材料（飲品1杯的量）

紅肉哈密瓜（冷凍）⋯⋯⋯⋯50g
冰煎茶⋯⋯⋯⋯⋯⋯⋯⋯⋯150g

Cold

1. 將紅肉哈密瓜切成1cm的小塊。
2. 將冰塊（分量外）和**1**交替放進
容器裡，最後倒入冰煎茶。

材料（冰烏龍茶）

烏龍茶（茶葉）⋯⋯⋯⋯⋯⋯40g
熱水⋯⋯⋯⋯⋯⋯⋯⋯⋯⋯630g
冰塊⋯⋯⋯⋯⋯⋯⋯⋯⋯⋯220g
水⋯⋯⋯⋯⋯⋯⋯⋯⋯⋯⋯200g

1. 將烏龍茶的茶葉放進容器裡，倒入沸騰的熱水，接著蓋上蓋子後悶蒸3分鐘。
2. 放入冰塊和水，等到冰塊融化後就用濾茶網過濾。

材料（香草奶蓋）

生奶油（乳脂肪35～36%）⋯400g
細砂糖⋯⋯⋯⋯⋯⋯⋯⋯⋯36g
香草精⋯⋯⋯⋯⋯⋯⋯⋯⋯2g

1. 將生奶油、細砂糖、香草精放進奶油槍的瓶子裡，扭緊蓋子。
2. 轉開氣瓶上的拴閥，將氣體填充接頭接上奶油槍瓶子的注入口，進行氣體填充。
3. 當氣體的聲音消失後，取下氣體填充接頭，關閉栓閥。

材料（飲品1杯的量）

冰烏龍茶⋯⋯⋯⋯⋯⋯⋯⋯150g
香草奶蓋⋯⋯⋯⋯⋯⋯⋯⋯40g
開心果⋯⋯⋯⋯⋯⋯⋯⋯⋯5g
杏仁⋯⋯⋯⋯⋯⋯⋯⋯⋯⋯5g

Cold

1. 將冰塊（分量外）放進玻璃杯中，接著倒入冰烏龍茶。
2. 擠上香草奶蓋。
3. 撒上剁碎的開心果和杏仁。

BASE

烏龍茶

Cold

香草堅果
烏龍茶

由濃郁的生奶油
與爲口感升級的堅果所組成的搭檔。
是一杯能夠邊咀嚼香氣撲鼻的堅果、
邊啜飲優質茶湯的甜點風飲品。

卡士達正山小種

以宛如煙燻過的香氣爲特徵的正山小種紅茶，
結合契合度非凡的卡士達醬所調製的一杯飲品。
卡士達醬炙烤之後，就能讓層次感更加深厚。

BASE

紅茶

Hot & Cold

噴槍要與飲料液面的角度呈現垂直。

材料（正山小種）

正山小種（茶葉）	40g
熱水	630g
冰塊	220g
水	200g

Hot

1. 將正山小種的茶葉放進容器裡，接著一口氣把沸騰的熱水倒進去，蓋上蓋子後悶蒸3分鐘。

Cold

1. 將正山小種的茶葉放進容器裡，接著一口氣把沸騰的熱水倒進去，蓋上蓋子後悶蒸3分鐘。
2. 放入冰塊和水，等到冰塊融化後就用濾茶網過濾。

材料（卡士達醬奶蓋）

生奶油（乳脂肪35～36%）	350g
牛奶	50g
蛋黃	3個
細砂糖	36g
ESPUMA	
泡沫化物質組織安定劑	2g
香草精	2g

1. 將全部的材料都放進ESPUMA奶油槍的瓶子裡，扭緊蓋子。
2. 轉開氣瓶上的拴閥，將氣體填充接頭接上奶油槍瓶子的注入口，進行氣體填充。當氣體的聲音消失後，取下氣體填充接頭，關閉栓閥。

材料（飲品1杯的量）

正山小種	200g
卡士達醬奶蓋	40g

Hot

1. 將正山小種倒進杯子裡。
2. 上下搖晃裝有卡士達醬的瓶子，將把手往自己這一側按壓，將卡士達奶蓋擠在1上。
3. 用噴槍進行炙烤。

Cold

1. 將冰塊（分量外）放進玻璃杯中，接著倒入正山小種。
2. 上下搖晃裝有卡士達醬的瓶子，將把手往自己這一側按壓，將卡士達奶蓋擠在1上。
3. 用噴槍進行炙烤。

Part 3

Fruit Spice Soft Drink

水果・香料的
軟性飲料

使用水果或香料的飲品，
擅長表現的領域也會有所增加。
讓我們一起來擴展菜單提案的範疇吧。

構思最適合
各式店家的飲品

軟性飲料終究是輔助餐點的存在。
因此,透過對主餐的理解,
也能對於發揮輔助機能的軟性飲料有更深一層的認識。

配合用餐與
TPO的飲品

用餐這件事可能會感受到不少的壓力。因為咖啡或茶的咖啡因能夠緩解壓力,因此在用餐後提供,就能期待它在最後階段讓人放鬆、帶來滿足感的效果。特別是咖啡的香氣即便在用餐後也能令人感到心情愉悅,因此能完成飯後不可或缺的重要職責。如果這時端上了不好喝的咖啡,不但無法紓解壓力,還可能為整個用餐印象帶來不好的影響。而且如果是在後悔喝了這杯咖啡的時間點去結帳的話,就更容易和負面印象連結起來了。咖啡的美味程度,要靠豆子與餐點之間的契合度來選擇,這一點至關重要。餐點本來就會具有清爽、濃郁、甘甜等某種程度的傾向,而且料理的風味本來就會隨著季節變化,因此必須配合餐點的風味變化來調整咖啡豆。除此之外,也務必要依據店鋪的開設地點、客層等來好好規劃菜單。理解消磨時間的等待、商討事情等利用方式,以及享受談話與空間氛圍等顧客的需求,意識到他們來店時的TPO,就能以此來決定飲品的風味、外觀、分量、價錢等細節。

即使位處同一個區域,也會因為店家的風格,或是大馬路旁、巷弄裡、2樓等店鋪位置而改變上門光顧客人的需求。從客觀角度來看,飲料作為輔助的存在是很容易活用的。請嘗試理解顧客的心情,為他們提供能讓滿足度更加提升的飲品吧。

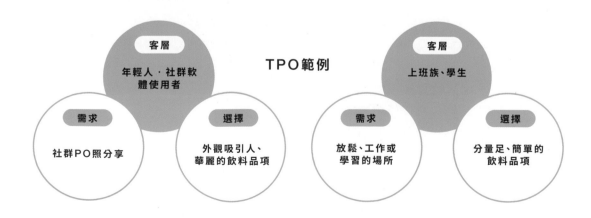

餐廳的飲品選擇

在世界的頂級餐廳裡，於套餐式料理中提供酒精飲料或無酒精飲料選擇的店家也越來越多了。雖然這個趨勢在日本的餐廳也有增加，但多半還是在義式餐廳提供義大利產葡萄酒、法式餐廳提供法國產葡萄酒等偏重於當地產物的形式。另一方面，世界各地的餐廳當前的趨勢，就是不論餐點的類型為何，都會提供結合式的飲品給顧客。原因在於，如果以餐點為主的話，作為用餐輔助的飲料就應該挑選契合度最高的品項才對。世界的餐廳與日本餐廳之間的差異性，就在於料理和飲料在日本都是各自完成的，而世界其他地方的趨勢大多是挑選搭配料理的飲料後再進行調製。

就算直接吃也很美味的料理，只要搭配契合的飲料，就能催生出更深一層的感動。因此，主廚和調製飲料的人員要相互理解，以盡力提升整個用餐過程感受的合作為目標，是非常重要的一環。

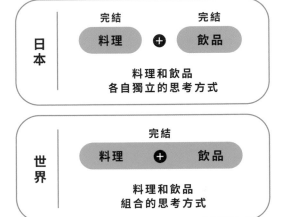

烘焙坊的飲品思考

烘焙坊業界近年來在內部兼設咖啡廳或內用區的例子增加了。這可以說是表現出了想讓自己做出來的最棒糕點搭配契合度最佳的飲料，來讓享受提升到最高程度的心情吧。然而，在飲料文化仍在發展階段的日本，現狀就是許多的店家依然是拘泥在咖啡或紅茶等品項。如果是能將食物的美味程度最大限度地提取出來的軟性飲料，或是供應甜點的店家所端出的結合式飲料，就會成為只能在那間店享受到的風味，這跟集客也有很大的關聯性。不光是只有咖啡或紅茶，靈活地選擇最適合搭配的軟性飲料是很重要的。軟性飲料本身是屬於輔助主餐食物的存在，但同時也是一旦缺少它、就會讓主餐食物少了一味的重要存在。

\ 顧客增加！ /

甜點 ➕ 飲品 ➕ 更加美味！

18 食物搭配學中的「味道」和「香氣」的思考方式

選擇和食物的香氣或味道搭配性佳的飲料，擁有讓餐點更加美味、用餐時光更加愉悅的效果。請嘗試理解「甜味」、「鹹味」、「酸味」、「苦味」、「鮮味」這五味，挑選出最適合的搭配組合。

食物搭配學的基礎

食物和飲料會依據搭配組合的契合度高低，讓美味程度擴展到更多元的層次。從簡單的組合到意外的組合，食物和飲料搭配的可能性可是宛如無限大的存在。將食物或飲料送入口中時所感受到的印象，有味道、香氣、濃度、質感、餘韻等，包含了許多不同的要素。請從其中的共通點以及想活用的要素來思考該怎麼組合吧。接著再評估食物和飲料分量的平衡，就能打造出直到最後一刻都能愉悅享受的用餐過程。

食物搭配學，正是以香氣評估契合度佳的食材，再思考味覺與分量平衡度的學問。

香氣

食物或飲料，都是從理解香氣來進行判別的。舉例來說，如果要吃下不喜歡的東西，只要捏著鼻子吃，就不會在意它的氣味了。這是因為這麼一來我們就無法認知到食物氣味的緣故。

日本人擁有味覺的文化，所以在享用食物的時候會有很多「甜」、「苦」等味覺表現。因此，我們會評價水果是高糖度的甜味食物。但是人工培育的水果可能香氣較弱、至於在越接近自然的環境長大的水果香氣會更濃厚。

味道不足可以添加，但香氣不足是無法添加的。我們必須意識到東西美味與否其實是靠香氣來決定的。

關於香氣的組合有2種思考方式。其一是MULTIPLY，香氣共通的食材和飲料的組合可以獲得相互拉抬的加成作用，能因此發現嶄新的美味。其二是藉由能填補主餐食物缺少香氣的飲料去搭配，讓主餐食物的鮮味得以提升的PLUS。食物搭配的結構，要從分析食材的香氣開始。請徹底檢視香氣，並且跟其他數百種之多的食材或飲料相互比較，進而研究香氣共通的素材、或是能達到提取效果的香氣吧。

提取香氣的2種手法

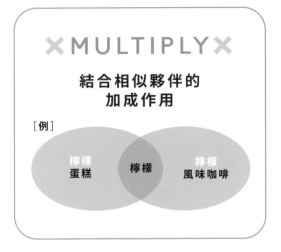

✕MULTIPLY✕

結合相似夥伴的加成作用

［例］

檸檬蛋糕　檸檬　檸檬風味咖啡

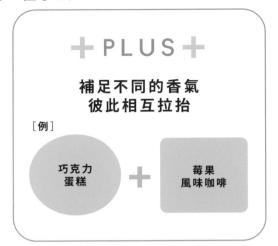

＋PLUS＋

補足不同的香氣彼此相互拉抬

［例］

巧克力蛋糕　＋　莓果風味咖啡

五味

取得味覺能感受到的甜味、鹹味（辣味）、苦味、酸味、鮮味的平衡，就能令我們更容易感受到美味。五味之中處於對角位置的味覺，能夠緩和彼此味道過強的特徵。例如苦味較強的黑咖啡裡面添加帶有甜味的牛奶，就能營造出溫和的口味。100%純可可、苦味強烈的黑巧克力，也能藉由補充甜味來使其溫和化。除此之外，稍微增加位於主要味覺隔壁位置的味覺（參照右圖），就能獲得提振主要味覺的效果。鹽味焦糖就是在焦糖（甜味、苦味）中增加一點鹽味，以此柔和化苦味，因而更能感受到甜味。為西瓜（甜味、酸味）撒上一點鹽（鹽味），對於酸和甜的感受就會更強，這也是基於同樣的效果。

除此之外，如同甜味強的蛋糕和苦味強的咖啡搭配起來會變得更容易入口，味覺的加成作用是透過整體的飲食來獲得的產物。如果為甜的草莓蛋糕配上草莓牛奶等更甜的飲料，這兩個甜味過強的夥伴就會產生衝突，讓人變得難以品味。除了香氣與味覺的契合之外，也必須留意搭配的分量。即使藉由香氣或味覺的組合來取得平衡，但若是拿大塊的戚風蛋糕配上少量的義式濃縮咖啡，品嚐起來就不均衡了對吧。評估彼此相襯、而且直到享用完畢都很適宜的飲料分量，就能達成均衡的組合。

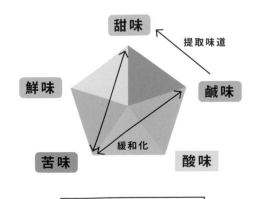

甜味　提取味道

鮮味　　鹹味

苦味　緩和化　酸味

均衡性能緩和彼此的味道，
讓提取效果更進一步

白葡萄檸檬水

帶有甜味的白葡萄汁，
加上檸檬汁所醞釀出的爽口後味。
推薦各位壓碎果肉後一起飲用。

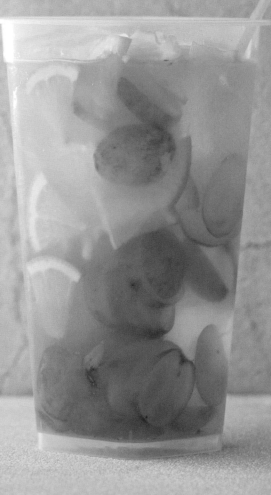

材料（飲品1杯的量）

檸檬片	5片
白葡萄	5顆
白葡萄汁	150g
檸檬果泥	30g
碎冰	適量

Cold

1. 將檸檬片切成6等分，白葡萄縱
   向切片。
2. 將碎冰和1交替放進容器裡，
   最後倒入白葡萄汁。

BASE

水果

Cold

水果乾蘇打

自由組合自己喜愛的果乾，
調製出原創的飲品。
能夠享受隨著時間經過漸漸滲出
的水果風味變化。

材料（飲品1杯的量）
蘋果（乾）	適量
藍莓（乾）	適量
草莓（乾）	適量
柳橙（乾）	適量
楊桃（乾）	適量
通寧水	適量

Cold
1. 將全部的果乾都放進玻璃杯中。
2. 倒入通寧水。

BASE

水果

Cold

材料（飲品1杯的量）
薄荷葉（新鮮）⋯⋯⋯⋯20片
細砂糖⋯⋯⋯⋯⋯⋯⋯5g
奇異果⋯⋯⋯⋯⋯⋯⋯1顆
氣泡水⋯⋯⋯⋯⋯⋯100g

Cold
1. 將薄荷葉和細砂糖放進容器裡，用研磨棒磨碎。接著放入去皮的奇異果，再將其搗碎。
2. 將**1**和冰塊（分量外）放進玻璃杯中，最後倒入氣泡水。

奇異果薄荷蘇打

結合奇異果、薄荷葉、細砂糖，
再用研磨棒磨碎，
就完成了有著滿滿奇異果果肉的莫希托風格飲品。

BASE

水果

Cold

松露印度香料奶茶

在濃郁的印度香料奶茶中，大量撒上香氣撲鼻的松露
的一款特調飲品。
香料與松露相互拉抬，香味令人滿足。

BASE

香料 & 香草

Hot

材料（飲品1杯的量）

生薑	10g
紅辣椒（整條）	1條
小荳蔻（整顆）	6顆
肉桂棒（整條）	6g
黑胡椒（整粒）	10粒
丁香（整粒）	6粒
八角	2粒
水	200g
烏瓦紅茶（茶葉）	20g
牛奶	200g
黑松露	適量

Hot

1. 將生薑切成1mm厚的薑片。取出
   紅辣椒的籽。
2. 剝開小荳蔻。肉桂棒切細碎。
3. 將**1**、**2**、黑胡椒、丁香、八角剝碎
   後放進鍋子裡。接著倒入水，以
   中火加熱至沸騰後，再放入烏瓦
   紅茶的茶葉，煮3分鐘。
4. 倒入牛奶，加熱到即將沸騰的狀
   態。
5. 倒進杯子裡，削下黑松露。

Point

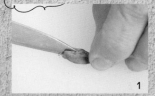

1

如果小荳蔻很難剝開，就用菜刀對半
切開。

2

八角、肉桂、丁香用手剝碎。香料處
理得越細，風味就會更上一層樓。

3

放入茶葉之前先熬煮香料，確實催生
香氣。

PART 3

水果・香料的軟性飲料

081

檸檬薑汁氣泡飲

大量使用了自家製的薑汁糖漿
以及帶皮的生薑。辣味風格的糖漿
與檸檬酸味的平衡感十分爽口。

材料（薑汁糖漿）
生薑（帶皮）	800g
三溫糖	800g
水	1000g
紅辣椒	2～3條
黑胡椒	20粒

1. 生薑清洗後拭去水分，接著切成2mm厚的薑片。
2. 取出紅辣椒的籽。
3. 將**1**和三溫糖放進鍋子裡，靜置30分鐘左右，直到水分滲出。
4. 放入水、紅辣椒、黑胡椒，開中火加熱至沸騰後，轉小火。邊撈出浮渣邊繼續煮40～50分鐘左右。
5. 冷卻之後，倒入瓶子等容器保存。

材料（飲品1杯的量）
檸檬片	8片
生薑片（薑汁糖漿裡面的）	5～6片
薑汁糖漿	50g
檸檬果泥	20g
氣泡水	100g

Cold
1. 將檸檬片、冰塊（分量外）、生薑片放進玻璃杯中。
2. 將薑汁糖漿、檸檬果泥、氣泡水倒入**1**中。

BASE

水果

Cold

BASE

水果

Cold

材料（飲品1杯的量）
草莓 ·························4顆
無酒精白酒 ···············60g

Cold
1. 將草莓切塊，接著放進玻璃杯中。
2. 倒入無酒精白酒，輕輕攪拌混合。

草莓酒

大量放進切塊的草莓、
邊吃邊品味的一杯飲品。

Part 3　水果・香料的軟性飲料

BASE

香料 & 香草

Cold

自家製可樂

香料感躍升的可樂。
享受香味顯著、甜度受到抑制的清涼感。

材料（基底可樂）

柳橙	1顆
檸檬	2顆
小荳蔻（整粒）	30粒
肉桂棒	3條
香草莢	1/2條
水	400g
三溫糖	300g
焦糖醬	100g
丁香（整粒）	30粒
Ristretto（短萃取義式濃縮咖啡）	2滴

1. 柳橙和檸檬都削皮，接著放入蔬果慢磨機磨碎。皮的部分切細碎。
2. 剝開小荳蔻、肉桂棒切細碎。香草莢縱向切半。
3. 將水、丁香、**1**的皮、**2**放進鍋子裡，開中火，加熱至沸騰後轉較小的中火，再煮大約10分鐘。
4. 將三溫糖、焦糖醬放入**3**，稍微煮到溶解為止。
5. 關火，待餘熱散去後，倒入**1**的檸檬汁和柳橙汁、以及Ristretto，靜置1天左右。
6. 進行過濾。

材料（飲品1杯的量）

基底可樂	60g
檸檬果泥	5g
氣泡水	適量
裝飾用檸檬片	適量

Cold

1. 將冰塊（分量外）放進玻璃杯中，接著倒入基底可樂、檸檬果泥、氣泡水，輕輕攪拌混合。
2. 用檸檬片裝飾。

Point

過濾之後再用咖啡濾紙等過濾，可以再分離一些較細的殘渣。

自家製薑汁汽水

散發使用蔬果慢磨機磨碎的生薑所產生的香氣，
苦味強烈、成熟的薑汁汽水。
是可以溫暖身體的一杯飲品。

BASE

香料 & 香草

Cold

材料（薑汁糖漿）
生薑（帶皮）⋯⋯⋯⋯⋯⋯500g
三溫糖⋯⋯⋯⋯⋯⋯⋯⋯250g
紅辣椒⋯⋯⋯⋯⋯⋯⋯⋯2條
黑胡椒⋯⋯⋯⋯⋯⋯⋯⋯2g
檸檬皮⋯⋯⋯⋯⋯⋯⋯⋯10g
水⋯⋯⋯⋯⋯⋯⋯⋯⋯⋯500g

1. 生薑清洗後拭去水分，接著連皮切塊。
2. 將1放進蔬果慢磨機磨碎。
3. 將2連同殘渣、三溫糖、紅辣椒、黑胡椒、檸檬皮、水放進鍋子裡，加熱至即將沸騰，接著用篩網過濾。

材料（飲品1杯的量）
萊姆片⋯⋯⋯⋯⋯⋯⋯⋯3片
薑汁糖漿⋯⋯⋯⋯⋯⋯⋯60g
氣泡水⋯⋯⋯⋯⋯⋯⋯⋯適量

Cold
1. 將萊姆片貼在玻璃杯的杯壁上，接著用冰塊（分量外）填滿杯子。
2. 將薑汁糖漿倒入1中，然後沿著冰塊緩緩地倒入氣泡水。

Point

生薑連皮一起放入蔬果慢磨機磨碎，確實地萃取出精華。

請注意不要煮至沸騰狀態。

自家製通寧水

能感受到柑橘類和香料的香氣，
以及百里香清涼感的通寧水。

材料（基底通寧水）

柳橙	1/2顆
檸檬	1顆
萊姆	2顆
檸檬草（整枝）	5枝
小荳蔻（整粒）	10粒
水	1000g
多香果（整粒）	10粒
玫瑰鹽	2g
龍舌蘭糖漿	180g

1. 將柳橙、檸檬、萊姆去皮後切細碎。檸檬
   草切細碎。
2. 將1的果實放進蔬果慢磨機磨碎。
3. 剝開小荳蔻，檸檬草切成2cm長小段。
4. 將水、1、3、多香果放進鍋子裡，加熱。
   沸騰後轉小火，熬煮20分鐘。
5. 放入2、玫瑰鹽、龍舌蘭糖漿，攪拌混
   合。恢復至常溫後以篩網過濾。

材料（飲品1杯的量）

基底通寧水	60g
氣泡水	適量
百里香	適量

Cold

1. 將冰塊（分量外）放進容器裡，依序倒入基底
   通寧水、氣泡水。
2. 用百里香裝飾。

BASE

香料 & 香草

Cold

材料（飲品1杯的量）
卡本內蘇維翁 ⋯⋯⋯⋯⋯⋯⋯100g
Ristretto
（短萃取義式濃縮咖啡）⋯⋯⋯1滴

Cold
1. 將卡本內蘇維翁放進蔬果慢磨機磨碎。
2. 倒進玻璃杯中，最後滴進1滴Ristretto。

Point

顆粒較小的果實容易
擠成一團，因此請用
機器專用的棒子一邊
攪拌一邊磨碎。

BASE

水果

Cold

卡本內蘇維翁果汁

把釀製紅酒用的葡萄品種以蔬果慢磨機磨碎，
將其芳醇的風味直接轉化爲果汁。
藉由滴入一滴義式濃縮咖啡，
就能呈現出宛如眞正的紅酒那樣的味覺深度。

Part 3 水果・香料的軟性飲料

材料（可可奶油）

可可粉	100g
牛奶	100g

1. 將可可粉和牛奶倒進容器裡，攪拌混合到出現黏稠狀。

材料（飲品1杯的量）

可可奶油	60g
牛奶	120g
可可粉	適量

Hot

1. 將可可奶油倒進杯子裡。
2. 用蒸汽加熱牛奶，製作奶泡。接著倒入2中，最後撒上可可粉。

苦香可可亞

無加糖的可以亞飲品。
可可的香氣與牛奶的甜相互提攜，
和甜美的甜點契合度超群。

BASE

香料 & 香草

Hot

材料（飲品1杯的量）
百香果 ⋯⋯⋯⋯⋯⋯⋯⋯⋯⋯ 50g
檸檬果泥 ⋯⋯⋯⋯⋯⋯⋯⋯ 20g
氣泡水 ⋯⋯⋯⋯⋯⋯⋯⋯⋯ 適量
香草
（迷迭香、百里香等）⋯⋯⋯⋯ 適量

Cold
1. 將百香果、檸檬果泥放進玻璃杯中。
2. 放入冰塊（分量外），接著倒入氣泡水。
　 最後用香草裝飾。

百香
檸檬水

卽使是經典款的檸檬水，
也能透過新鮮百香果和香草的使用，
完成一杯連香氣都很讓人享受的飲品。
和餐點的相襯度也是強力推薦的重點。

Part 3　水果・香料的軟性飲料

BASE
─────
水果

Cold

BASE

牛奶

Cold

材料（蘭姆葡萄乾）
葡萄乾⋯⋯⋯⋯⋯⋯⋯⋯⋯100g
蘭姆酒⋯⋯⋯⋯⋯⋯⋯⋯⋯100g

1. 將葡萄乾用熱水浸泡過，去除油
   分，接著瀝乾水分。
2. 葡萄乾瀝乾後，將它跟蘭姆酒一起
   放進容器裡靜置一個晚上。

材料（飲品1杯的量）
蘭姆葡萄乾⋯⋯⋯⋯⋯⋯⋯20g
蜂蜜⋯⋯⋯⋯⋯⋯⋯⋯⋯⋯20g
牛奶⋯⋯⋯⋯⋯⋯⋯⋯⋯⋯100g
奶泡⋯⋯⋯⋯⋯⋯⋯⋯⋯⋯適量
肉桂粉⋯⋯⋯⋯⋯⋯⋯⋯⋯適量

Hot
1. 將蘭姆葡萄乾、蜂蜜、冰塊（分量
   外）放進玻璃杯中，倒入牛奶。
2. 淋上奶泡，最後撒上肉桂粉。

蘭姆葡萄牛奶

蘭姆葡萄乾結合百搭的牛奶，
是一款爲了大人調製的牛奶基底飲品。

焦糖焙茶牛奶

烘焙茶和焦糖的芳香，
為牛奶增添了深度。
飲品中添加了大量的鮮奶油，濃厚韻味也隨之提升。

BASE

烘焙茶

Cold

材料（烘焙冰茶）

烘焙茶（茶葉）	40g
熱水	630g
冰塊	220g
水	200g

1. 將烘焙茶的茶葉放進容器裡，
接著一口氣把沸騰的熱水倒進
去，蓋上蓋子後悶蒸3分鐘。

2. 放入冰塊和水，等到冰塊融化
後就用濾茶網過濾。

材料（飲品1杯的量）

焦糖醬	40g
烘焙冰茶	130g
鮮奶油	30g

Cold

1. 將焦糖醬和冰塊（分量外）放進
容器裡，接著倒入烘焙冰茶。

2. 擠上鮮奶油。

Part 3　水果・香料的軟性飲料

材料（飲品1杯的量）
格雷伯爵茶（茶葉）⋯⋯⋯⋯1.5g
熱水⋯⋯⋯⋯⋯⋯⋯⋯⋯⋯100g
茉莉花茶（茶葉）⋯⋯⋯⋯⋯1.5g
熱水（85℃）⋯⋯⋯⋯⋯⋯100g

Hot

1. 將熱水（分量外）倒進2個茶器和1個杯子裡，溫熱容器。
2. 倒掉茶器的熱水，放入格雷伯爵茶的茶葉。接著一口氣把沸騰的熱水倒進去，蓋上蓋子後悶蒸3分鐘。
3. 倒掉茶器的熱水，放入茉莉花茶的茶葉。接著一口氣把85℃的熱水倒進去，蓋上蓋子後悶蒸3分鐘。
4. 倒掉**1**的杯子裡的熱水，接著將**2**和**3**倒入。

茉莉花
格雷伯爵茶

柑橘風味的紅茶，以及散發花香的茉莉花茶，
令香氣更加地多元。

BASE

紅茶

Hot

092

材料（香橙醬）
香橙（皮）⋯⋯⋯⋯⋯⋯⋯⋯⋯⋯適量
香橙（果汁）⋯⋯⋯⋯⋯⋯⋯⋯300g
細砂糖⋯⋯⋯⋯⋯⋯⋯⋯⋯⋯⋯300g

1. 將細切的香橙皮、果汁、細砂糖放
   進鍋子裡，開火，讓細砂糖溶解。

材料（飲品1杯的量）
香橙醬⋯⋯⋯⋯⋯⋯⋯⋯⋯⋯⋯30g
滴漏式咖啡⋯⋯⋯⋯⋯⋯⋯⋯150g

Hot
1. 將香橙醬和滴漏式咖啡依序倒進
   杯子裡。

香橙咖啡

把香橙（日本柚子）醬放入熟悉的滴漏式咖啡裡，
甘甜與香氣的協奏就此誕生。

BASE

咖啡

Cold

Part 3 ｜ 水果・香料的軟性飲料

材料（飲品1杯的量）
牛奶·····················90g
玉露（茶葉）··············6g
熱水（60℃）············100g
薄荷葉（新鮮）············5枝

Hot
1. 將牛奶倒入鍋子裡，加熱到
60℃。
2. 將玉露的茶葉放入茶器裡，接
著倒入60℃的熱水，蓋上蓋子
後悶蒸2分鐘。
3. 將**1**和**2**倒進杯子裡，最後用薄
荷葉裝飾。

薄荷奶茶

玉露結合薄荷的奶茶，
呈現出溫和的淡綠色。
輕盈爽口的後味，讓這款飲品喝起來很順口。

BASE

綠茶

Hot

材料（飲品1杯的量）

碎冰 ························ 適量
椰奶 ························ 110g
義式濃縮咖啡 ··············· 50g
鮮奶油 ···················· 30g
椰子粉 ···················· 適量

Cold

1. 將碎冰放進玻璃杯中，接著依序倒
   入椰奶和義式濃縮咖啡。
2. 擠上鮮奶油，最後撒上椰子粉。

椰香拿鐵

椰奶搭配椰子粉，
讓拿鐵更加香氣宜人，
還能享受到箇中層次感。

BASE

咖啡

Cold

蜂蜜正山小種

這一款飲品選用了熏製的正山小種和契合度很棒的蜂蜜。
在旁邊附上一小塊蜂巢，也增添了高檔的感受。

BASE

紅茶

Hot

材料（飲品1杯的量）

正山小種（茶葉）·················3g
熱水·················200g
蜂巢·················30g

Hot

1. 將熱水（分量外）倒進茶器和杯子裡，溫熱容器。
2. 倒掉茶器的熱水，放入正山小種的茶葉。接著一口氣
   把沸騰的熱水倒進去，蓋上蓋子後悶蒸3分鐘。
3. 倒進杯子裡，最後用蜂巢裝飾。

薑汁蘋果熱茶

磨碎的蘋果泥和蘋果汁藉由生薑溫熱的特性，讓身體整個暖烘烘的。
添加肉桂後，就完成了一款宛如蘋果派風味的飲品。

BASE

水果

Hot

材料（飲品1杯的量）
蘋果泥⋯⋯⋯⋯⋯⋯1/4顆的量
蘋果汁⋯⋯⋯⋯⋯⋯⋯160g
生薑（薑汁）⋯⋯⋯⋯⋯20g
肉桂棒⋯⋯⋯⋯⋯⋯⋯1條

Hot
1. 將蘋果泥、蘋果汁、生薑汁、肉桂棒放進鍋子裡熬煮。
2. 將**1**倒進杯子裡。

Part 3 ── 水果・香料的軟性飲料

黃金奇異果&
綠奇異果果昔

用2種奇異果呈現出美麗對比
的一款凍飲。

材料（黃金奇異果果昔）

黃金奇異果	1顆
芒果果泥	15g
細砂糖	5g
水	50g
碎冰	100g

1. 將去皮的黃金奇異果、芒果果泥、細
砂糖、水、碎冰放進食物攪拌機裡，
進行攪拌。

材料（綠奇異果果昔）

綠奇異果	1/2顆
藍柑風味糖漿	5g
水	50g
檸檬果泥	5g
細砂糖	5g
碎冰	100g

1. 將去皮的綠奇異果、藍柑風味糖漿、
水、檸檬果泥、細砂糖、碎冰放進食
物攪拌機裡，進行攪拌。

材料（飲品1杯的量）

黃金奇異果果昔
綠奇異果果昔
綠奇異果 1/2顆

Cold

1. 將黃金奇異果果昔倒進玻璃杯中。
2. 接著倒入綠奇異果果昔。
3. 將綠奇異果切片，進行裝飾。

BASE

水果

Cold

BASE

水果

Cold

草莓蘇打

奢侈地使用大量草莓,呈現一片紅色的碳酸飲品。
用果泥和果肉搭出雙層的樣貌,看起來就像是芭菲那樣。

材料(飲品1杯的量)
草莓果泥(加糖)·················50g
碎冰·····························適量
氣泡水···························70g
草莓·····························6顆

Cold
1. 將草莓果泥放進玻璃杯中,接著放入碎冰。
2. 倒入氣泡水,最後用對半切開的草莓裝飾。

Part 3 ── 水果·香料的軟性飲料

☑ Restaurant ☑ Cafe ☑ Patisserie
☐ Fruit parlor ☐ Izakaya ☑ Bar

香料茶

放入香料與柳橙果泥的紅茶，
因爲沒有添加額外的甜味，所以更能
品嚐到柳橙的清新香氣。

材料（飲品1杯的量）
小荳蔻 ─────────6粒
肉桂棒 ─────────1條
丁香 ──────────8粒
水 ──────────200g
阿薩姆紅茶（茶葉）─────3g
八角 ──────────1粒
柳橙果泥─────約容器5cm高

Hot
1. 小荳蔻劃出刀痕。肉桂棒分切成2～3等分。
2. 將**1**、丁香、水放進鍋子裡，待香氣出現。接著放入阿薩姆紅茶的茶葉，悶蒸2分鐘。然後用篩網過濾後倒入杯子裡。
3. 放入八角和柳橙果泥。

BASE

紅茶

Hot

☐ Restaurant ☑ Cafe ☑ Patisserie
☑ Fruit parlor ☐ Izakaya ☐ Bar

冰淇淋蘇打

帶有蜂蜜和檸檬風味的冰淇淋蘇打，
把乾燥檸檬片放在冰淇淋上作爲裝飾，
外觀賞心悅目。

材料（飲品1杯的量）
檸檬果泥─────────25g
通寧水 ─────────100g
香草冰淇淋─────────適量
蜂蜜 ──────────20g
檸檬片（乾燥）───────1片

Cold
1. 將檸檬果泥倒進玻璃杯中，接著倒入通寧水。
2. 放入冰塊（分量外），接著放上香草冰淇淋。
3. 將蜂蜜淋在冰淇淋上，最後用檸檬片裝飾。

BASE

水果

Cold

白桃奶昔

在奶昔裡加入白桃，
就營造出帶有果香且濃郁的風味。

材料（飲品1杯的量）
白桃（罐裝）⋯⋯⋯⋯⋯⋯⋯1罐
雞蛋⋯⋯⋯⋯⋯⋯⋯⋯⋯⋯1顆
牛奶⋯⋯⋯⋯⋯⋯⋯⋯⋯⋯120g
香草精⋯⋯⋯⋯⋯⋯⋯⋯⋯少許
白桃罐頭的湯汁⋯⋯⋯⋯⋯40g

Cold
1. 將白桃、雞蛋、牛奶、香草精、白桃罐頭的
   湯汁放進食物攪拌機裡，進行攪拌。
2. 將冰塊（分量外）放進玻璃杯中，最後將**1**
   倒入。

☐ Restaurant ☑ Cafe ☑ Patisserie
☑ Fruit parlor ☐ Izakaya ☐ Bar

BASE

水果

Cold

鳳梨可樂達風飲品

將雞尾酒中的鳳梨可樂達，變化成一款能夠
品嚐椰子片口感的熱帶風情軟性飲品。

材料（飲品1杯的量）
椰奶⋯⋯⋯⋯⋯⋯⋯⋯⋯⋯100g
鳳梨⋯⋯⋯⋯⋯⋯⋯⋯1/8顆的量
碎冰⋯⋯⋯⋯⋯⋯⋯⋯⋯⋯適量
椰子片⋯⋯⋯⋯⋯⋯⋯⋯⋯適量

Cold
1. 將椰奶和鳳梨放進食物攪拌機裡，進行攪拌。
2. 將碎冰放進玻璃杯中，接著將**1**倒入。最後用
   椰子片裝飾。

☑ Restaurant ☑ Cafe ☐ Patisserie
☐ Fruit parlor ☐ Izakaya ☑ Bar

BASE

水果

Cold

□ Restaurant　☑ Cafe　☑ Patisserie
□ Fruit parlor　□ Izakaya　□ Bar

芒果西印度櫻桃飲品

將風味濃郁的芒果冷凍後作爲冰塊來使用，
就能和酸味強烈的西印度櫻桃達成絕妙的平衡。

材料（飲品1杯的量）
芒果（冷凍）⋯⋯⋯⋯⋯⋯⋯120g
西印度櫻桃汁⋯⋯⋯⋯⋯⋯120g

Cold
1. 將芒果放進玻璃杯中，接著從上方倒
入西印度櫻桃汁。

BASE
水果

Cold

□ Restaurant　☑ Cafe　□ Patisserie
☑ Fruit parlor　□ Izakaya　☑ Bar

粉紅荔枝凍飲

荔枝和苦味較少的
粉紅葡萄柚極爲契合。
是一款能在夏季享用清爽風味的凍飲。

材料（飲品1杯的量）
粉紅葡萄柚果泥⋯⋯⋯⋯⋯⋯90g
荔枝果泥⋯⋯⋯⋯⋯⋯⋯⋯90g
碎冰⋯⋯⋯⋯⋯⋯⋯⋯⋯⋯150g
紅石榴糖漿⋯⋯⋯⋯⋯⋯⋯10g

Cold
1. 將全部的材料放進食物攪拌機裡進行
攪拌，最後倒進玻璃杯中。

BASE
水果

Cold

Part 4

Mocktail

無 酒 精 調 酒

本單元將針對「直調」、「搖盪」、「攪拌」、「混合」等
製作無酒精調酒的基礎技巧差異進行解說。
請因應素材來挑選製作的方法吧。

談談居酒屋的無酒精飲料
——無酒精調酒

現今的日本出現了不喝酒的趨勢，以販售酒精飲料爲主的店家
也越來越難做生意了。同時，提供近似雞尾酒、被人們稱爲「Mocktail」
的軟性飲料的酒吧或餐廳也持續在增加，開始一點一點地深入我們的生活。

無酒精雞尾酒的新名稱

所謂的「Mocktail」，就是具有「模仿」意涵的「mock」與酒精飲料「Cocktail」組合而成的新詞彙。之後也逐漸演變成對無酒精雞尾酒的新稱呼方式。

它開始一點一點地滲透進咖啡廳、餐廳或酒吧等地，在東京甚至還開設了完全不販售酒精飲料的無酒精調酒酒吧。現今不喝酒、甚至是不能喝酒的日本人也越來越多了。但基於「想要能讓用餐更加愉快的飲料」、「想要能一邊談天一邊享用的飲料」等理由，無酒精飲料的需求也逐漸在攀升中。然而以現狀來說，這種飲品大多還是出現在酒吧的菜單裡，對於不去酒吧的人們來說，這樣的稱呼還並未普及。想看到任何店家都能在菜單中列出無酒精調酒，感覺還需要一段時間呢。

無酒精在海外
也成為經典

因為對無酒精飲料的需求提高，日本提供無酒精飲料的地方也逐漸變多了。這一點在海外的餐廳或酒吧也是如此，平時是無酒精日、只有周末才販售酒精飲料的店家也開始增加。會造訪酒吧的客人，大多具有希望享受「時間」、「空間」、「談話」的傾向。因此相較於普通的軟性飲料，他們更偏愛活用酒保的技術所調製出來的飲品。不只是提供好喝的軟性飲料，如果能在理解顧客TPO或需求的情況下準備無酒精調酒的菜單，顧客的需求度也會更加提升吧。

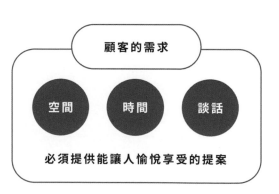

顧客的需求

空間　時間　談話

必須提供能讓人愉悅享受的提案

居酒屋的軟性飲料無法配合餐點

居酒屋業界也跟酒吧業界一樣，不喝酒的客人也日漸增加。雖然少了喝酒的人，但把這裡當成談話場所來使用的客群也增加了。

但是，軟性飲料和居酒屋餐點的契合度並不理想。原因在於，相較於居酒屋提供的酒大多不帶甜味，甜味的選項在軟性飲料菜單中幾乎可說是必備項目，所以和餐點的契合度並不好。

至於為什麼帶甜味的軟性飲料和餐點難以搭配，是因為日本的飲食基本上是由甜味出發的。日本人喜歡帶有甜味的蔬菜，製作調味料或醬料時也經常使用砂糖等甜味素材，藉由帶甜味的成品來讓人感受到食物的美味。

就像甜滋滋的甜點要配上苦苦的咖啡一樣，如果已經在食物中攝取到甜味，這就和甜甜的飲料不搭了。這一點對於飯後甜點來說也是相同的道理，正因為餐點風味偏甜，所以才會偏好能在最後階段吃點低甜度的清爽食物來收尾。

在軟性飲料需求增加的現今，能否考量到與食物之間的相襯度，提出能一邊盡興談天、一邊享用飲品的最適切分量，和顧客的滿意度是息息相關的。

即便都是居酒屋，但日本有四季更迭、會因為地域而產生不同的風味。關東是醬油系、關西則是以高湯系的風味為主流。寒冷地區飲食中的鹽分較高、炎熱地區則是有糖分較高的傾向。

如果要配合料理，那麼人們對於飲料的偏好就會和料理呈現相反。吃清爽的料理，就會喜歡濃郁的飲料、吃濃郁的料理，就會偏好清爽的飲料。此外，如果帶酸味的料理比較多，就會想喝又濃又苦的品項。藉由理解主餐料理的調味模式，就能夠供應搭配料理的美味飲品。

日本的思維是「料理本身好吃、飲料本身也好喝，合在一起就能享用得更盡興」。以世界的角度來看，相對於主餐，飲料就是支持般的存在。有思考過與料理之間平衡性的飲料，會和餐點萌生出一體感，並藉由牽引的力量，讓雙方都能變得更加美味。最後，對於用餐的不協調感消失了，在放鬆的氛圍中也能更自然地展開談話。接著就會和「下次還要再來」的想法銜接在一起。

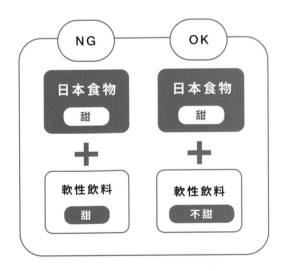

關於雞尾酒
的手法與差異性

雞尾酒或無酒精調酒，都是配合混合材料的特徵，
來改變調製的方式。為了提供更美麗、更美味的飲品，
我們必須要確實理解相關的基礎。

雞尾酒調製法的不同

所謂的雞尾酒，起初就是為了讓不易入口的酒變得更加順口而誕生的。也有說法認為，這是因為過去原料的品質和製造技術都不佳，所以酒類不適合直接品嚐的關係。根據加進酒裡面的材料亦能將其作為一種防止劣化的保存手法。

現今原料的品質變好了，所以即便直接品嚐也很美味，但如果調製成雞尾酒，不僅能調整酒精度數，還能變化風味、讓人更容易入口，也能藉此享受基酒的風味。除此之外，享受混調材料的顧客也在增加中。無論是什麼樣的環境，能否讓人品嚐到美味之處依然是重中之重。

大致上來說，雞尾酒的調製法可以分為以下4種。

將冰塊放進玻璃杯中，只倒入容易混合的材料的「直調（Build）」。融入空氣，讓口感更佳圓潤的「搖盪（Shake）」。能品味素材原本風味的「攪拌（Stir）」。壓碎結凍或固態物、使其液體化的「混合（Blend）」。

此外，還有像是在直調法中讓液體沉澱以產生漸層的風格，或是配合漂浮風格、搖盪風格或直調風格的調製法。

直調

不使用特別的器具，直接在玻璃杯中攪拌混合材料的雞尾酒調製法。重點在於糖漿等糖度高、比重重的素材很難和液體混合，所以必須要確實攪拌混合。掌握每種材料的特徵，確實結合多種液體是很重要的。

禁果
P.108

搖盪

使用雪克杯，混合材料調製的雞尾酒技法。藉由雪克杯確實混合材料，能讓飲料變得更冰涼。因為空氣會一起被融進去，所以入口感會變得圓潤，是鮮奶油系飲品等材料較難混合的飲品經常採用的風格。因為要盡可能不讓冰塊融化，所以液體倒進雪克杯以後，要到最後階段才放入冰塊。搖盪時手掌心整體會接觸杯子，可能讓體溫導致冰塊融化，務必要留意。

攪拌

必要的道具是攪拌杯、吧叉匙、隔冰器。攪拌時須使用吧叉匙。有些材料不需要搖盪也能充分混合均勻，或搖盪後會造成色澤混濁，這時就適合使用攪拌法。首先將冰塊和水加入攪拌杯，用吧叉匙輕輕攪拌，去除冰塊上的霜，同時冷卻玻璃杯。接著用隔冰器濾掉冰塊的融水，倒入材料後用吧叉匙迅速攪拌，再用隔冰器隔離冰塊，將調製完成的飲料倒入玻璃杯中。

混合

在材料中添加碎冰，打成雪酪狀的凍飲風雞尾酒，或是融入草莓或香蕉等黏稠食材，完成水果風味飲品的技法。原本應該要依照食譜中的順序依序將材料放進杯子裡，但是採用混合技法的時候即便先放進碎冰也沒有問題。此外，使用水果的場合要先放水果，然後上面再放入碎冰，這樣可以避免水果氧化變色的問題。一邊調整混合的狀態、一邊定時停下食物攪拌機的按鈕，等迴轉完全停止後，再取下攪拌機杯體的部分、拿掉蓋子。

琴蕾
P.116

仙杜瑞拉
P.113

柑橘凍飲
P.117

材料（飲品1杯的量）
桃子果泥⋯⋯⋯⋯⋯⋯⋯50g
柳橙果泥⋯⋯⋯⋯⋯⋯⋯50g
水 ⋯⋯⋯⋯⋯⋯⋯⋯⋯⋯50g

Cold
1. 將桃子果泥、柳橙果泥、水、冰塊（分量外）放進玻璃杯中，輕輕攪拌混合。

BASE

水果

Cold

直調

禁果　Fuzzy navel

原品項是只要將材料放進玻璃杯中，用吧叉匙攪拌就能完成的雞尾酒。本品項就是那擁有曖昧的臍橙之名的雞尾酒所改良的無酒精版本。

直調

香迪蓋夫　Shandy Gaff

調製帶碳酸的飲料，重點就在於不要讓氣體散失、緩緩地注入並且輕輕地攪拌混合。這是一款在無酒精啤酒那爽口的苦味基礎之上添加薑汁香氣、令人心情愉悅的調製飲品。

BASE

水果

Cold

材料（飲品1杯的量）
無酒精啤酒⋯⋯⋯⋯⋯⋯⋯⋯適量
薑汁糖漿⋯⋯⋯⋯⋯⋯⋯⋯⋯60g
萊姆（切瓣）⋯⋯⋯⋯⋯⋯⋯1/8片

Cold
1. 將無酒精啤酒和薑汁糖漿倒進玻璃杯中，輕輕地攪拌混合。
2. 用萊姆裝飾。

BASE

水果

Cold

搖盪

美國檸檬汁 American Lemonade

原品項是用紅酒和檸檬汁調製的雞尾酒。
新鮮的葡萄因為糖度高，所以要放在杯子的下層，
然後從上方緩緩地倒入檸檬汁。

材料(飲品1杯的量)
檸檬果泥⋯⋯⋯⋯⋯⋯⋯⋯30g
細砂糖⋯⋯⋯⋯⋯⋯⋯⋯⋯10g
水⋯⋯⋯⋯⋯⋯⋯⋯⋯⋯⋯60g
碎冰⋯⋯⋯⋯⋯⋯⋯⋯⋯⋯適量
卡本內蘇維翁果汁⋯⋯⋯⋯30g

Cold
1. 將檸檬果泥、細砂糖、水放進
   雪克杯中攪拌混合，接著放入
   冰塊(分量外)後進行搖盪。
2. 將碎冰放進玻璃杯中，接著倒
   入卡本內蘇維翁果汁。最後緩
   緩地將**1**倒入，讓碎冰呈現漂
   浮感。

直調

雪莉鄧波 Shirley Temple

使用直調法，讓較重的液體下沉的無酒精雞尾酒。
將檸檬皮削成螺旋狀，為杯子添加了華麗的裝飾。石榴的顏色與甜味，
再加上薑汁的辛辣味替這款飲品賦予了暢快感。
檸檬的香氣也帶來爽口的味覺感受。

材料（石榴糖漿）

石榴果泥	150g
細砂糖	100g
檸檬汁	5g

Cold
1. 將石榴果泥、細砂糖、一半的檸檬汁放進鍋子裡，開火，讓細砂糖溶解。
2. 將鍋子放入裝有冰水（分量外）的調理碗中冰鎮，同時用橡膠刮刀攪拌混合，使其急速冷卻，最後倒入剩下一半的檸檬汁，攪拌混合。

材料（薑汁糖漿）

生薑（帶皮）	800g
三溫糖	800g
水	1000g
紅辣椒	2〜3條
黑胡椒	20粒

Cold
1. 生薑清洗後拭去水分，連皮切成2mm的薄片。
2. 將**1**和三溫糖放進鍋子裡，靜置30分鐘左右，直到水分滲出。
3. 放入水、去籽的紅辣椒、黑胡椒，開中火。沸騰之後轉小火，邊撈出浮渣邊繼續煮40〜50分鐘左右。
4. 冷卻之後，放入瓶子等容器內保存。

材料（飲品1杯的量）

檸檬（皮）	1顆的量
石榴糖漿	5g
薑汁糖漿	30g
氣泡水	適量

Cold
1. 將檸檬皮削成螺旋狀。
2. 將檸檬皮妥善地安置在玻璃杯中，接著放入冰塊（分量外）。
3. 倒入石榴糖漿和薑汁糖漿，最後倒入氣泡水，輕輕地攪拌混合。

BASE
____
水果
____
Cold

材料（飲品1杯的量）

檸檬果泥 ⋯⋯⋯⋯⋯⋯⋯ 5g

玫瑰鹽 ⋯⋯⋯⋯⋯⋯⋯ 適量

西瓜果泥 ⋯⋯⋯⋯⋯⋯ 130g

Cold

1. 將檸檬果泥塗抹在玻璃杯的杯緣處，接著抹上玫瑰鹽。

2. 放入冰塊（分量外）和西瓜果泥，輕輕地攪拌混合。

Point

如果沒有檸檬果泥的話，可切開檸檬、用切口處的果肉去塗抹玻璃杯的杯緣處。

直調

鹹 西 瓜 　Salty Watermelon

在杯緣處用檸檬等水果果泥塗抹後，
再沾上鹽或砂糖的「Snow Style」。
選用了和西瓜很相襯的鹽來完成這道飲品。

BASE

水果

Cold

搖盪

仙杜瑞拉 Cinderella

貨真價實的無酒精飲料。
藉由搖盪來讓柑橘的風味變得更加圓潤柔和。

BASE

水果

Cold

材料（飲品1杯的量）
柳橙果泥⋯⋯⋯⋯⋯⋯⋯⋯30g
鳳梨果泥⋯⋯⋯⋯⋯⋯⋯⋯30g
檸檬果泥⋯⋯⋯⋯⋯⋯⋯⋯30g

Cold
1.將全部的材料放入雪克杯中，進行搖
    盪，最後倒入雞尾酒杯裡。

硬搖盪

白色佳人 White Lady

正統招牌雞尾酒的無酒精版本。
將難以混合的蛋白進行力道強、次數多的搖盪，
調製出一款入口感爽口的短飲型無酒精調酒。

BASE

水果

Cold

材料（飲品1杯的量）
無酒精琴酒⋯⋯⋯⋯⋯⋯⋯60g
橘皮風味糖漿⋯⋯⋯⋯⋯⋯30g
檸檬果泥⋯⋯⋯⋯⋯⋯⋯⋯40g
蛋白⋯⋯⋯⋯⋯⋯⋯⋯1顆的量

Cold
1. 將全部的材料放入雪克杯中，
　　進行硬搖盪，最後倒入雞尾酒
　　杯裡。

材料（飲品1杯的量）

椰子果泥	30g
鳳梨果泥	60g
檸檬果泥	20g
碎冰	適量

Cold
1. 將全部的材料放入雪克杯中，進行硬搖盪。
2. 將碎冰放進玻璃杯中，最後將**1**倒入。

BASE

水果

Cold

硬搖盪

奇奇 Chi Chi

藉由硬搖盪，椰子的油分
會變得更容易混合。
是一款發揮椰子、鳳梨、檸檬
等清爽水果風味的夏季經典款無酒精調酒。

Part 4 ── 無酒精調酒

115

攪拌

琴蕾 Gimlet

原本的琴蕾是透過搖盪來讓酒精
的入口感更加圓潤。
本款飲品則是將不含酒精的無酒精琴酒
藉由攪拌來混合。
是一款帶有爽口苦味清涼感的無酒精調酒。

材料（飲品1杯的量）
無酒精琴酒⋯⋯⋯⋯⋯40g
萊姆汁⋯⋯⋯⋯⋯⋯20g

Cold
1. 將全部的材料放入攪拌杯中攪拌
混合，接著倒入雞尾酒杯裡。

BASE

水果

Cold

混合

柑橘凍飲

使用食物攪拌機攪拌混合，
就能製作成凍飲。
這裡選用了好幾種的柑橘類水果，
完成一杯非常適合夏天的無酒精調酒凍飲。

BASE

水果

Cold

材料（飲品1杯的量）

檸檬果泥	40g
葡萄柚果泥	40g
柳橙果泥	40g
萊姆汁	20g
蜂蜜	20g
碎冰	適量
迷迭香	1枝

Cold
1. 將全部的材料放進食物攪拌機裡，進行攪拌，接著倒進玻璃杯中。
2. 用迷迭香裝飾。

Part 4　無酒精調酒

BASE

紅茶

Cold

`直調`

石榴茶

混合冷凍石榴的時候，
其風味會融入正山小種之中，能品嚐到其中的韻味變化。

材料（正山小種冰茶）

正山小種（茶葉）	40g
熱水	630g
冰塊	220g
水	200g

1. 將正山小種的茶葉放入茶器裡，接著一口氣把沸騰的熱水倒進去，蓋上蓋子後悶蒸3分鐘。
2. 放入冰塊和水，等到冰塊融化後就用濾茶網過濾。

材料（飲品1杯的量）

碎冰	適量
正山小種冰茶	130g
石榴果泥	20g
萊姆片	3片
石榴（冷凍）	40g

Cold

1. 將碎冰放進玻璃杯中，接著倒入正山小種冰茶。
2. 倒入石榴果泥，輕輕地攪拌混合。接著放入萊姆片，用石榴堆成小山狀來裝飾。

直調

抹茶通寧

是一款抹茶結合柑橘的清爽飲品。
藉由增添柑橘的香氣與酸味，
就能淡化抹茶的苦味，變得更加順口。

材料（飲品1杯的量）

抹茶（粉）	3g
熱水	30g
和三盆糖	3g
自家製通寧水（P.86）	170g

Cold
1. 將抹茶用濾茶網過濾到抹茶碗裡。
2. 倒入熱水，開始刷茶。
3. 放入和三盆糖，使其溶解。
4. 將冰塊（分量外）放進玻璃杯中，接著倒入自家製通寧水。
5. 緩緩地將**3**倒入。

BASE
───
抹茶
───

Cold

Part 4 ｜ 無酒精調酒

119

BASE

水果

Cold

直調

紅紫蘇桑格麗亞

紅色系的水果搭配香氣撲鼻的紅紫蘇，
調製出酸甜風味的無酒精版桑格麗亞

材料（飲品1杯的量）

紅紫蘇糖漿	10g
樹莓	20g
橘皮風味糖漿	10g
蜂蜜	10g
草莓	3顆
石榴	20g
山桑子	4顆
無酒精白酒	200g
蘋果片	4片

Cold

1. 將紅紫蘇糖漿、樹莓、橘皮風味糖漿倒進玻璃杯中，接著倒入蜂蜜，進行攪拌混合。
2. 交替放入冰塊（分量外）、草莓、石榴、山桑子。
3. 倒入無酒精白酒，最後用蘋果片裝飾。

材料（綠茶）

玉露（茶葉）	60g
熱水	630g
冰塊	315g
水	105g

1. 將熱水（分量外）倒進茶器和杯子裡，溫熱容器。
2. 倒掉茶器的熱水，放入玉露的茶葉。接著一口氣把沸騰的熱水倒進去，蓋上蓋子後悶蒸3分鐘。
3. 放入冰塊和水，等到冰塊融化後就用濾茶網過濾。

材料（飲品1杯的量）

萊姆片	4片
薄荷葉	20g
綠茶	150g

Cold

1. 將萊姆片對半分切，薄荷葉切細碎。
2. 將冰塊（分量外）放進玻璃杯中，接著倒入綠茶。最後將**1**放入。

　直調

薄荷柑橘綠茶

在綠茶裡加入切細碎的薄荷葉，香氣就能移轉過去。
這是一款放入大量萊姆的清爽飲品。

BASE
綠茶

Cold

Part 4 　無酒精調酒

121

直調

薑汁烘焙茶

烘焙茶的迷人香氣
加上薑汁的辛辣味，組成韻味深厚的蘇打茶飲。

材料（薑汁糖漿）

生薑（帶皮）	800g
紅辣椒	2～3條
三溫糖	800g
水	1000g
黑胡椒	20粒

1. 生薑清洗後拭去水分，連皮切成2mm的薄片。
2. 將**1**和三溫糖放進鍋子裡，靜置30分鐘左右，直到水分滲出。
3. 放入水、去籽的紅辣椒、黑胡椒，開中火。沸騰之後轉小火，邊撈出浮渣邊繼續煮40～50分鐘左右。
4. 冷卻之後，放入瓶子等容器內保存。

材料（烘焙冰茶）

烘焙茶（茶葉）	40g
熱水	630g
冰塊	220g
水	200g

1. 將烘焙茶的茶葉放進容器裡，接著一口氣把沸騰的熱水倒進去，蓋上蓋子後悶蒸3分鐘。
2. 放入冰塊和水，等到冰塊融化後就用濾茶網過濾。

材料（飲品1杯的量）

生薑片（薑汁糖漿裡面的）	40g
薑汁糖漿	40g
烘焙冰茶	50g
氣泡水	50g

Cold

1. 將生薑片放進玻璃杯中，接著倒入薑汁糖漿、烘焙冰茶、氣泡水，輕輕地攪拌混合。
2. 放入冰塊（分量外）。

BASE

烘焙茶

Cold

蘋果蘇打

直調

同時使用切塊的蘋果和新鮮果汁，
催生出擁有濃郁蘋果風味的新鮮蘇打飲品。

材料（飲品1杯的量）
蘋果─────────1/4顆
無過濾的蘋果汁─────60g
氣泡水──────────60g

Cold
1. 將蘋果切塊。
2. 將蘋果和冰塊（分量外）放進玻璃杯中，接著依序倒入無過濾的蘋果汁和氣泡水。

BASE
水果
Cold

葡萄柚通寧

直調

邊搗碎新鮮的葡萄柚果肉邊享用
的「Snow Style」飲品。

材料（飲品1杯的量）
葡萄柚─────────1/2顆
玫瑰鹽──────────適量
通寧水─────────100g

Cold
1. 將葡萄柚進行四分切。
2. 用葡萄柚的果肉去塗抹玻璃杯的杯緣處，接著抹上玫瑰鹽。
3. 將**1**和冰塊（分量外）放入，最後倒入通寧水。

BASE
水果
Cold

Part 4 無酒精調酒

檸檬蘇打凍飲　　直調

不添加冰塊的凍飲。
放入大量的檸檬但不加糖，
是很適合搭配餐點的一款飲品。

材料（飲品1杯的量）
檸檬 ·······················2顆
氣泡水 ·······················180g

Cold
1. 將檸檬切成梳子形，接著放入冷凍庫
   裡使其結凍。
2. 將**1**放進玻璃杯中，接著倒入氣泡水。

BASE
―――――――
水果
―――――――

Cold

苦橙　　直調

在無酒精啤酒這個基底中
加入柳橙果泥。完成一款苦味中帶有水果韻味
的淡啤酒風格無酒精調酒。

材料（飲品1杯的量）
柳橙果泥 ·······················50g
無酒精啤酒 ·······················250g
柳橙片（乾燥） ·······················1片

Cold
1. 將柳橙果泥和無酒精啤酒放進玻璃杯中。
2. 用柳橙片裝飾。

BASE
―――――――
水果
―――――――

Cold

梅子茉莉花茶 直調

☑ Restaurant　☑ Cafe　☑ Patisserie
☐ Fruit parlor　☐ Izakaya　☐ Bar

在品味茉莉花茶香氣的同時，
又多了壓碎蜂蜜漬梅子後散發出的酸甜風味。

材料（茉莉花冰茶）
茉莉花茶（茶葉）⋯⋯⋯⋯⋯40g
熱水⋯⋯⋯⋯⋯⋯⋯⋯⋯630g
冰塊⋯⋯⋯⋯⋯⋯⋯⋯⋯220g
水⋯⋯⋯⋯⋯⋯⋯⋯⋯⋯200g

1. 將茉莉花茶的茶葉放進茶器裡，接著一口氣把沸騰的熱水倒進去，蓋上蓋子後悶蒸3分鐘。
2. 放入冰塊和水，等到冰塊融化後就用濾茶網過濾。

材料（飲品1杯的量）
蜂蜜漬梅子⋯⋯⋯⋯⋯⋯⋯3顆
茉莉花冰茶⋯⋯⋯⋯⋯⋯140g

Cold
1. 將蜂蜜漬梅子、冰塊（分量外）放進玻璃杯中，接著倒入茉莉花冰茶。

BASE
茉莉花茶

Cold

胡椒檸檬沙瓦 直調

☐ Restaurant　☐ Cafe　☐ Patisserie
☐ Fruit parlor　☑ Izakaya　☐ Bar

不加入任何甜味去調製的檸檬水。
在杯子的杯緣處抹上胡椒，以香料來呈現出大人的口味。

材料（飲品1杯的量）
檸檬果泥⋯⋯⋯⋯⋯⋯⋯⋯60g
黑胡椒⋯⋯⋯⋯⋯⋯⋯⋯適量
氣泡水⋯⋯⋯⋯⋯⋯⋯⋯適量

Cold
1. 在玻璃杯的杯緣處塗上少量的檸檬果泥（分量外），接著抹上黑胡椒。
2. 放入冰塊（分量外）和檸檬果泥，接著倒入氣泡水。

BASE
水果

Cold

Shop List

這裡要介紹我們購入素材或機材等物品的店家。
請配合想調製的飲品來入手需要的東西吧。

材料

無酒精琴酒

Cocktail Bar Nemanja

〒231-0012
神奈川県横浜市中区相生町1-2-1
リバティー相生町ビル6F
TEL：045-664-7305
HP：https://www.bar-nemanja.com/

日本茶

株式会社つぼ市製茶本舗

〒592-0004
大阪府高石市高師浜1-14-18
TEL：072-261-7181
HP：https://tsuboichi.co.jp/

台灣茶・珍珠

桔祥國際有限公司

MAIL：andylin888@hotmail.com

咖啡豆

トーアコーヒー

HP：https://www.toa-coffee.co.jp/

乳製品

中沢乳業株式会社

〒143-0011
東京都大田区大森本町1-6-1大森パークビル6F
TEL：03-6436-8800
HP：https://www.nakazawa.co.jp/
E-SHOP：https://nakazawa-eshop.com/

果泥

日仏商事株式会社

東京事業所

TEL：03-5778-2481
HP：https://www.nichifutsu.co.jp/

巧克力

ピュラトスジャパン株式会社

〒150-0001
東京都渋谷区神宮前2-2-22
MAIL：service_japan@puratos.com
HP：https://www.puratos.co.jp

櫻花的素材

山眞産業株式会社　花びら舎

〒451-0062
愛知県名古屋市西区花の木2-22-1
TEL：052-521-0500
HP：https://www.yamashin-sangyo.co.jp/

器具・機械

（撹拌機）

株式会社アントレックス
（Vitamix）

HP：https://www.vita-mix.jp/

（咖啡器具）

**株式会社
ブランディングコーヒー**

〒141-0021
東京都品川区上大崎2-14-5
クリスタルタワー4F
TEL：03-5795-1701
MAIL：info@0141coffee.com
HP：https://0141coffee.jp/

（ESPUMA）

東邦アセチレン株式会社
コンシューマープロダクツ営業部

〒103-0027
東京都中央区日本橋2-16-13
ランディック日本橋ビル4F
TEL：03-3277-1600
FAX：03-3277-1601

（霜淇淋機）

ニッセイ

HP：https://www.nissei-gtr.co.jp/

（果汁機）

HUROM株式会社

〒135-0064
東京都江東区青海2丁目7-4
the SOHO 418
TEL：0120-288-859（客服窗口）
HP：https://huromjapan.com

玻璃杯・杯子

株式会社カサラゴ

〒171-0022
東京都豊島区南池袋2-29-10
金井ビル7階A号室
TEL：03-3987-3302
MAIL：info@casalago.jp
HP：https://www.casalago.jp/

菅原工芸硝子株式会社
Sghr スガハラショップ 青山

〒107-0061
東京都港区北青山3-10-18
北青山本田ビル1F
TEL：03-5468-8131
HP：https://www.sugahara.com/

包材

株式会社 BMターゲット
東京本社

〒108-0073
東京都港区三田3-4-18二葉ビル2F
TEL：03-6433-9856

TITLE

獻給餐飲店的飲料特調課程

STAFF

出版	瑞昇文化事業股份有限公司
作者	片倉康博・田中美奈子・藤岡響
譯者	徐承義

創辦人 / 董事長	駱東墻
CEO / 行銷	陳冠偉
總編輯	郭湘齡
文字編輯	張聿雯　徐承義
美術編輯	謝彥如
國際版權	駱念德　張聿雯

排版	謝彥如
製版	印研科技有限公司
印刷	桂林彩色印刷股份有限公司

法律顧問	立勤國際法律事務所　黃沛聲律師
戶名	瑞昇文化事業股份有限公司
劃撥帳號	19598343
地址	新北市中和區景平路464巷2弄1-4號
電話	(02)2945-3191
傳真	(02)2945-3190
網址	www.rising-books.com.tw
Mail	deepblue@rising-books.com.tw

初版日期	2023年6月
定價	450元

ORIGINAL JAPANESE EDITION STAFF

攝影	三輪友紀（スタジオダンク）
設計	近藤みどり
編輯	坂口柚季野（フィグインク）

國家圖書館出版品預行編目資料

獻給餐飲店的飲料特調課程：搭配料理與甜點的
軟性飲料調製基礎與應用 = Softdrink / 片倉康
博, 田中美奈子, 藤岡響著; 徐承義譯. -- 初版. --
新北市 : 瑞昇文化事業股份有限公司, 2023.06
　128面； 18.2x25.7公分
ISBN 978-986-401-637-2(平裝)
1.CST: 飲料

427.4　　　　　　　　　　　112007372